AF454000

LA CHASSE
DANS LA VALLÉE DU RHIN

Édition tirée à 310 exemplaires.

200 sur grand papier de Hollande
5 sur papier de Chine
5 sur papier de couleur
100 sur papier vergé ordinaire.

(Ces derniers ne sont pas mis dans le commerce).

A PARIS, CHEZ A. AUBRY, RUE DAUPHINE, 16.

LA CHASSE

DANS LA

VALLÉE DU RHIN

(ALSACE ET BADE)

PAR

MAURICE ENGELHARD

STRASBOURG

—

MDCCCLXIV.

Strasbourg, Imprimerie de V Berger-Levrault.

Quelques amis qui trouvent leur plaisir à rechercher dans la poussière des archives et dans les oubliettes de l'histoire, tout ce qui a rapport à notre chère Alsace, ont bien voulu se souvenir que j'avais écrit, il y a cinq et six ans, plusieurs articles sur la chasse dans la vallée du Rhin, articles qui ont été publiés dans divers journaux. Ils m'ont engagé à les réunir en une brochure et je me suis laissé faire une douce violence. Pour compléter la série, j'y ai ajouté quelques pages sur les habitudes du sanglier et sur la manière de le chasser pratiquée en Alsace.

Dans son excellent livre sur la profession d'avocat, Félix Liouville, de regrettable mémoire, énumère parmi les jouissances de cette profession le plaisir de plaider et le plaisir de gagner un procès. Depuis vingt ans je goûte le premier de ces plaisirs et quelquefois il m'a été donné de savourer le second. Mais je dois à la vérité de dire que, dans ma carrière d'avocat, j'ai connu une troisième jouissance, c'est d'abandonner de temps en temps les luttes du barreau pour les luttes de la chasse, qui, tout en fatiguant le corps, reposent merveilleusement l'esprit. De tout temps les avocats ont été chasseurs, et c'est peut-être ce qui explique que les deux mois de vacances de dame Thémis concordent avec la meilleure saison des exploits de saint Hubert. Mon goût pour la chasse trouve ainsi son excuse; mais ce qui me sera difficilement pardonné, c'est d'avoir songé à écrire quand j'étais dispensé de parler.

Puissent mes petits récits de vénerie internationale franco-allemande, procurer quelque distraction à mes lecteurs, et ne m'attirer que des critiques indulgentes!

Strasbourg, le 20 août 1864.

M. E.

LA CHASSE

DANS LA VALLÉE DU RHIN

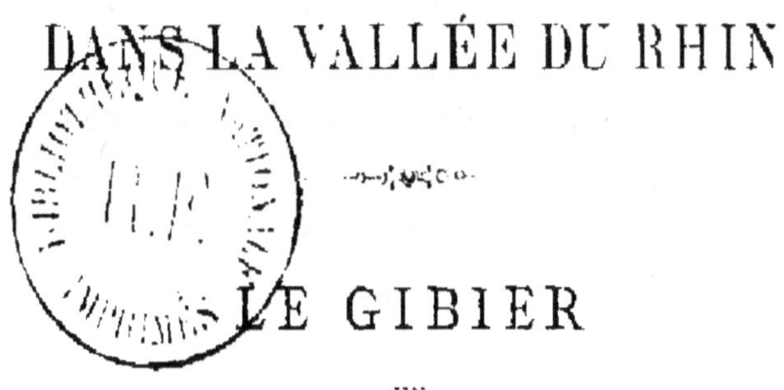

LE GIBIER

EN

ALSACE ET DANS LE GRAND-DUCHÉ

DE BADE.

En écrivant une série d'articles sur les chasses de l'Alsace et du grand-duché de Bade, je n'ai pas la présomption d'ajouter quelque chose à l'histoire naturelle du gibier, ou d'offrir des conseils sur la manière de le chasser. Sous ce rapport, tout a été dit, et de la façon la plus spirituelle, par Elzéar Blaze, d'Houdetot, Viardot et surtout par Toussenel, l'inimitable auteur de l'*Ornithologie passionnelle* et de

1

l'*Esprit des bêtes*. Si je me hasarde à parler chasse, ce ne peut être que sur le terrain des faits et à un point de vue tout local. J'essaye de faire connaître au lecteur-chasseur un pays magnifiquement titré (comme dirait Toussenel) en richesses cynégétiques. Pour en donner la preuve, tout d'abord, je vous dirai le produit d'une journée de chasse dans la vallée du Rhin. Cela se passait, il y a quelques semaines, dans la grande clairière de la forêt de Windschlæg, l'une des plus belles parties des chasses d'Offenbourg. Encore cette journée-là n'était-elle pas des plus brillantes : quatre ou cinq chevreuils, autant de faisans et cent cinquante lièvres, que deux voitures peuvent contenir. C'était peu, et ce résultat si modeste doit être attribué à deux causes : aux dernières mauvaises années, pendant lesquelles le faisan est devenu *rara avis*, et à 1849, année si fatale aux révolutionnaires et au gibier du duché de Bade, qui n'a pas permis au *Rehstand* de redevenir ce qu'il était auparavant.[1]

1. *Rehstand* n'a pas de mot correspondant dans la langue française; c'est un substantif qui veut dire la quantité de chevreuils qui se trouve dans telle

Heureux temps, où j'ai vu sur le carreau, tout ensemble et pêle-mêle, 400 lièvres, 30 chevreuils, tous broquarts, et 80 faisans, tous coqs.

Un rendement aussi considérable ne s'explique pas par l'habileté de nos chasseurs. Le Parisien qui chasse dans la plaine de Saint-Denis, et le Marseillais embusqué dans sa bastide, peuvent être d'excellents tireurs, mais jamais ils ne verront pareille fête. C'est donc la position géographique de la vallée du Rhin, la configuration du sol, le mode et l'aménagement des chasses, qui font de cette contrée, moitié française et moitié allemande, l'une des plus giboyeuses de l'Europe occidentale.

Notre belle vallée est parcourue dans toute sa longueur (près de 80 lieues) par le Rhin : à droite et à gauche, elle est encaissée par deux grandes chaînes de montagnes, les Vosges en France et la Forêt-Noire en Allemagne. Sa largeur moyenne est de huit à dix lieues.

Le Rhin, qui relie la mer du Nord aux

chasse. Quand les Allemands disent *Wildstand*, l'expression se généralise et s'entend de toute espèce de gibier.

grands lacs de la Suisse, est le tracé naturel
des migrations des oiseaux d'eau, palmipèdes,
voiliers ou coureurs de rivages aux grands
pieds, que les glaces des contrées hyperbo-
réennes obligent à la retraite vers des climats
plus doux. Il sert ainsi de ligne de passe aux
innombrables canards, aux sarcelles, aux ma-
creuses, aux oies sauvages qui descendent des
zones polaires et du golfe de Bothnie; parfois
même au magnifique cygne sauvage, au cor-
moran et à des espèces rares, que les grandes
tourmentes de la nature dépaysent ou égarent,
et qui reprennent leur route en se guidant sur
les vertes eaux du fleuve.

Le Rhin est un grand infidèle... il change de
lit assez souvent et passe d'une rive à l'autre
sans pudeur, laissant à sec la rive française,
qu'il caresse un peu plus loin pour la quitter
encore et rendre ses faveurs à la rive badoise.
Mais les faveurs du Rhin sont pernicieuses;
elles rongent les malheureuses rives qui s'y
laissent prendre, et on les voit dénudées, la
plaie au vent, à peine couvertes d'une maigre
couche de verdure, se mirer dans de tristes
eaux stagnantes, que le fleuve cruel a laissées

en se retirant comme pour leur infliger la marque de son triomphe. Ces eaux stagnantes deviennent peu à peu des marais touffus, impénétrables, asiles pleins de confort, fréquentés par les échassiers palustriens, bécassines, butors, hérons, poules d'eau, foulques, marouettes, râles, et par tous ces oiseaux aux longs doigts faits pour marcher sur la boue. Les barboteurs y trouvent aussi leur compte. Après avoir passé tout le jour sur le Rhin, sur les grandes pièces d'eau, sur les prairies submergées, là où ils se sentent inabordables, les canards, lorsque sonne l'Angelus du soir, quittent les grandes nappes d'eau pour venir s'abattre en sifflant sur ces mares bourbeuses. Du Rhin, tous ces effrénés voyageurs gagnent les lacs de la Suisse, les rivages de l'Adriatique ou de la Méditerranée et enfin la Sicile, dernière étape d'où ils s'élancent vers le continent africain.

En plein jour, depuis dix heures du matin jusqu'à quatre ou cinq heures du soir, les vanneaux, par centaines, se prélassent sur les bancs de sable et sur les galets au milieu du Rhin. Le soir et le matin, ils tournoient sur les champs labourés les plus voisins du fleuve. Les pluviers sont aussi très-nombreux ; les étourneaux foisonnent, et les trois variétés de sternes (hirondelles de mer) décrivent tout le long des rives leurs courbes gracieuses.

Dans la plaine s'étendent d'immenses terrains incultes où les joncs et les herbes paludéennes luttent contre les efforts de l'agriculture pour les convertir en prés productifs. Là, on ne rencontre que vase, argile ou tourbe : terrains toujours favorables au gibier de marais ; vastes remises qui portent dans le pays le nom de *Rieth.* — Dépêchons-nous de parler de toutes ces belles chasses. Dans peu d'années, l'assainissement, l'irrigation, la canalisation, le drainage enfin, puisqu'il faut l'appeler par son nom, auront fait disparaître ces marais miraculeux. où l'on tire trente coups de fusil en les traversant, et où l'on peut en tirer encore trente en revenant sur ses pas.

Nos deux grandes chaînes de montagnes, dont l'une se relie au Jura et l'autre aux Alpes, constituent, par leur direction du sud au nord, un tracé de passe aussi marqué pour les oiseaux de terre que l'est le Rhin pour les habi-

tués des cantons humides. La bécasse, la grive,
le merle, etc., passent deux fois l'an dans ces
montagnes ou dans la plaine. Outre ces espèces
voyageuses, il en est, pauvres exilées des
plaines, dont la cruauté des hommes a confiné
les débris au haut des montagnes, sur les cimes
inaccessibles. Quelquefois cependant de hardis
chasseurs tentent cette pénible poursuite, et
rapportent avec orgueil une gélinotte ou un
coq de bruyère !

Le cerf est rare dans les montagnes ; cependant, grâce à la proximité des chasses de
M. Chevandier, de Nancy, on tue huit ou dix
têtes par an dans les Vosges. Les chevreuils,
les renards, les loups et les lièvres abondent
dans les deux chaînes de montagnes ; mais les
belles, les splendides chasses de chevreuils,
de faisans, de lièvres, de perdrix, de cailles,
se font, sans contredit, dans la plaine. La caille
seule est rare dans certains cantons.

Il y a plus, il y a mieux encore : les bords
du Rhin couverts de forêts, les îles aux fourrés impénétrables, servent de retraite, surtout sur la rive française, à de belles compagnies de sangliers qui se tiennent dans les

nombreuses bauges creusées par les eaux du fleuve.

Ce court aperçu sur la variété et la quantité du gibier doit faire reconnaître que la vallée du Rhin est richement dotée par la nature; mais ce qui la rend, par-dessus tout, chère à notre grand patron saint Hubert, c'est que l'on y suit le seul, le vrai principe de l'aménagement du gibier... le respect du sexe.

Il est encore une autre particularité caractéristique du chasseur en Alsace comme dans le duché de Bade, c'est son esprit d'association, qui empêche le morcellement des chasses si funeste au gibier, et lui permet, simple bourgeois, employé ou paysan, de se payer ni plus ni moins qu'un *tiré royal*.

LES CANARDIÈRES.

A quelques kilomètres de Kehl, à peu de distance du Rhin et au milieu d'une immense plaine, il est un endroit où règne constamment le silence le plus absolu. C'est un vaste enclos qui renferme un étang. Aussi loin que peut porter le regard, on n'aperçoit ni chevaux ni voitures; pas de passants, pas de chasseurs. Si, par nécessité, un paysan s'en approche avec sa charrue, il aiguillonne ses bœufs en silence, et les quelques personnes qui y pénètrent prennent toutes sortes de précautions pour passer inaperçues. — Pourquoi cet abandon absolu? pourquoi ce silence lugubre? — C'est que cet endroit est le théâtre de massacres en masse : c'est que les assassins ne veulent pas être dérangés dans leur horrible besogne ; c'est qu'il ne faut pas que les victimes soient averties par le moindre signe du danger qui les menace.

Cet enclos est une canardière ; ces massacres ont lieu presque journellement, et les victimes en sont d'innombrables canards, attirés par ce silence absolu, garantie menteuse d'une parfaite sécurité !

Ces précautions si grandes ne sont pas exagérées. Le canard est extrèmement défiant ; le moindre bruit l'effraye ; la vue d'un homme le met en fuite, un coup de fusil l'éloigne à jamais[1]. Lorsque, en 1815, les alliés vinrent dans le département du Haut-Rhin, la canardière de Guémar fut ruinée pour deux années. — Deux années de calme complet, il n'en faut pas moins pour donner confiance au canard.

Le canard a non-seulement de bons yeux et de bonnes oreilles, il a de plus l'odorat d'une extrème finesse. Un jour, le propriétaire d'une

---

1. « On ne dit pas : bête comme un canard, et l'on a parfaitement raison ; car le canard est un animal plein de ressources et de malices, et qui cache parfaitement son jeu quand il a intérêt à le cacher. » (TOUSSENEL, *le Monde des oiseaux*, t. I, p. 277.)

canardière voulut faire assister un ami à une chasse. Ils pénétrèrent dans l'enclos, à pas sourds, par une petite porte habilement masquée. Ils n'avaient pu être ni vus ni entendus, et cependant tout à coup les mille à douze cents canards qui se trouvaient sur l'étang s'élevèrent en tourbillonnant dans la nue avec un bruit effroyable... L'ami fumait un cigare, et les canards en avaient eu le vent!

Pour venir à bout des canards, il a donc fallu ruser avec eux, et, d'expériences en déceptions, l'on en est arrivé à organiser les canardières telles que je vais les décrire.

La scène se passe non loin de Memprechtshoffen, village situé à deux kilomètres du Rhin.

Là, au milieu d'une zone de terrains dont il est défendu d'approcher, existe un enclos de plusieurs hectares, fermé par des planches. Au centre se trouve un étang carré d'un hectare environ, dont les bords sont garnis d'une cloison de roseaux et plantés d'arbres. Cette disposition permet de circuler autour de l'étang, entre l'enclos de roseaux et l'enclos de planches, sans être aperçu des canards. A chaque coin que forme le carré de l'étang, se trouve un petit canal large de trois à quatre mètres à son embouchure, et qui se termine en pointe à une distance d'environ vingt mètres. Ces canaux sont recouverts de filets, espèces de verveux gigantesques. Les filets, tendus en arcades au-dessus des canaux, se terminent en pointe à dix mètres au delà de l'extrémité du canal, recouvrant ainsi non-seulement le canal dans toute sa longueur, mais encore une languette de terre formant entonnoir avec la pointe du filet. De chaque côté des canaux, depuis leur embouchure jusqu'à leur extrémité, sont établies des coulisses en paillassons de roseaux disposées de façon qu'un homme qui se met entre deux de ces coulisses puisse voir jusqu'au fond du canal et du filet, et être vu de là, mais reste invisible à tout ce qui se trouve soit sur l'étang, soit sur la partie du canal entre l'étang et la coulisse où il est posté.

Sur l'étang flànent, dorment, plongent, sifflent ou jabotent de cinq cents à deux mille canards. Au milieu de cette multitude sans défiance, un œil très-exercé peut seul reconnaître une quarantaine de canards domestiques. Leur habit est le même, et la grosseur de la tête est le seul signe distinctif de leur domesticité. Cette grosseur particulière de la tête est évidemment produite par la bosse du crime ; car ces canards jouent en réalité le rôle de traîtres et d'agents provocateurs.

Leur maître les a dressés à venir manger quelques poignées d'orge au fond de celui des petits canaux d'où part un coup de sifflet. Il a soin de donner ce signal lorsque les canards domestiques se trouvent du côté opposé à lui ou au milieu de la bande des canards sauvages.

Les traîtres alors se mettent tout doucement en route vers le petit canal d'où le coup de sifflet est parti. Ils caquettent tout le long du chemin, cherchant à persuader à ceux qu'ils coudoient de l'aile qu'ils vont faire un brillant festin, et entraînent ainsi les plus inexpérimentés et les plus gourmands.

Accompagné d'un cortége de trente à quarante malheureuses dupes, ils arrivent à l'embouchure du canal. Mais l'aspect des filets étonne leurs camarades plus sauvages : ils s'arrêtent... C'est là le moment critique ! Comment leur faire franchir ce point fatal ? comment vaincre leur méfiance ?

Le canardier qui, entre nous soit dit, est encore un plus grand traître que ses auxiliaires
volatiles, a imaginé un moyen incroyable pour
entraîner les canards jusqu'au fond du filet.
Ayant remarqué que les canards s'élancent en
masse sur l'ennemi commun : renard, fouine,
loup, belette, chat..., il s'est avisé du strata-
gème que voici. Il prend un petit chien qui
par son poil ressemble à un renard, et, à ce
moment critique, le fait paraître aux yeux des
canards sauvages, à la hauteur de la coulisse
la plus rapprochée de l'embouchure du canal,
où la méfiance a arrêté leur pérégrination gas-
tronomique. A cette vue, les canards se précipitent tous vers le petit chien, le bec ouvert
et l'aile déployée. Le petit chien est rappelé et
se montre aussitôt près de la seconde coulisse.
Nouveau mouvement en avant des canards. Ce
manége continue sans leur laisser un instant
de répit. La méfiance s'efface devant le danger
commun, et les canards arrivent ainsi à plus de
dix mètres sous le filet. Alors le canardier se
hâte de regagner la première coulisse. Là, il
se montre : les canards de l'étang ne le voient
pas, ceux du canal l'aperçoivent, s'élèvent à

quelques pieds au-dessus de l'eau et s'enfon-
cent toujours de plus en plus dans la nasse. Le
canardier les suit de coulisse en coulisse, jusqu'à ce que tous les canards se trouvent refou-
lés dans l'entonnoir formé par le filet et la
languette de terre qui s'étend au delà de l'extrémité du canal. D'ordinaire, une trentaine de
canards se trouvent ainsi pris, et il ne reste
plus qu'à détacher l'extrémité mobile du verveux pour les envelopper et leur tordre le cou
un à un.

Chose inconcevable! ce massacre s'accom-
plit sans que les victimes poussent un cri. Il
faut croire que la frayeur leur ôte la voix. Le
silence n'est pas troublé même par un gémissement; et à quelques pas de là deux mille canards ne se doutent pas que trente des leurs
sont odieusement égorgés. Aussi, dix minutes
après, le canardier recommence le même tour.

Mais, nous dira-t-on, que deviennent dans
cette bagarre les canards domestiques? — Ils
s'arrêtent sagement à l'extrémité du canal,
mangent sans remords l'orge qu'on y a jetée, et
justifient ainsi, une fois de plus, le proverbe qui
dit que la vertu trouve toujours sa récompense.

La chasse se fait dans l'un ou l'autre des quatre canaux, selon le vent, selon la position des canards domestiques, selon la disposition des canards sauvages à se porter vers telle ou telle direction. Très-souvent, les meilleures combinaisons stratégiques sont déjouées, et quelquefois les bonnes chasses se font à mauvais vent. Cela s'explique facilement. Lorsque les canards n'ont pas le vent du côté où on les attire, la chasse, relativement au chasseur, se fait à bon vent, et pourtant les canards se montrent défiants. C'est qu'ils comprennent parfaitement que, dans ces conditions, un ennemi peut se trouver tout près sans que le vent leur en apporte le sentiment. Au contraire, quand le vent vient vers eux du côté où ils se dirigent, le chasseur se trouve à mauvais vent, et cependant la chasse réussit souvent fort bien, parce que les canards s'avancent de confiance, persuadés que la moindre brise leur apportera l'avertissement du danger.

La chasse est quelquefois contrariée par la présence d'oiseaux de proie qui planent dans les airs. Alors il est impossible d'attirer les canards vers les petits canaux. Ils se serrent les uns contre les autres au milieu de l'étang. chacun espérant dissimuler son individualité dans la masse compacte de tous les canards réunis.

Dans une bonne canardière. l'on prend de cent à deux cents canards par jour. Les principales sont celles de Guémar. dans le département du Haut-Rhin, celle de Memprechtshoffen, que je viens de décrire, et celle des environs de Carlsruhe. Celle de Guémar produit jusqu'à dix mille canards par an : les deux autres de deux à cinq mille. Cette différence provient de ce que celle de Guémar est la plus isolée, la plus silencieuse.

Il existe encore d'autres canardières moins importantes. Je citerai une espèce de canardière que l'on voit en assez grand nombre sur les îlots de sable que le Rhin laisse à nu en hiver. Un grand filet, en forme de natte. est étendu sous l'eau et peut se fermer au moyen d'une corde. Autour de ce filet. on place des morceaux de bois figurant de loin des canards. A quarante pas de ce piége, se trouve une petite hutte en roseaux dans laquelle se cache le canardier en compagnie d'une douzaine de ca-

nards privés. Dès qu'une bande de canards
sauvages est attirée par l'aspect des faux canards, il lâche les canards domestiques, qui
vont tournoyer en l'air en jetant des cris d'appel. Cette conversation aérienne se prolonge
pendant quelque temps, puis les canards domestiques piquent droit vers le filet, près du-
quel ils ont l'habitude de trouver leur pâture.
Quelques canards sauvages s'égarent toujours
sur l'endroit dangereux. Le canardier tire la
ficelle, leur tord le cou et ramène les canards
privés dans la hutte pour recommencer le
même manége au premier vol qu'il apercevra.
Cette chasse peut produire jusqu'à quinze canards par jour, et l'on compte une trentaine de
canardières de ce genre dans la vallée du Rhin.

La chasse au moyen des canardières fournit
un contingent assez considérable à l'alimentation publique, le mode de capture est original
et même dramatique, et, à tous ces titres, les
canardières méritaient de faire parler d'elles.

BATTUE DE LIÈVRES

EN PLAINE.

En Alsace et dans le duché de Bade, le gibier est si abondant qu'il faut nécessairement recourir quelquefois à de grandes battues, tant en forêt qu'en plaine. Les traques en forêt offrent l'avantage de la variété du gibier, mais aussi le chasseur, posté contre le bois, n'aperçoit qu'une faible partie du champ de bataille : il entend les coups de fusil sans pouvoir les juger ; le plus magnifique coup double n'est apprécié que par ouï-dire, et chacun est cru plus ou moins sur parole. En plaine, il en est tout autrement. Le décor est reculé jusqu'à l'horizon. Tous les acteurs du drame cynégétique sont en scène. Là, point de réputation d'habileté sans preuves positives. Tous les coups sont vus, applaudis ou sifflés. Égalité parfaite ! Entre chasseurs, de quelque rang qu'ils soient, il n'y a d'autre supériorité que celle de l'adresse dans le tir. Les rabatteurs eux-mêmes se permettent de crier bravo aux beaux coups et de murmurer pour chaque lièvre qu'ils se sont donné la peine d'offrir aux coups des chasseurs, et que les chasseurs ont eu la maladresse de manquer.

Une battue de lièvres se fait d'ordinaire dans une plaine d'une demi-lieue carrée. Sur trois côtés, elle est cernée par quarante à cinquante chasseurs, qui se cachent derrière les arbres ou dans les replis du terrain. Du quatrième côté s'avancent une centaine de rabatteurs, gamins de douze à quinze ans, ardents au métier, poussant des hurlements sur tous les tons, agitant des bâtons, et flanqués de quelques gardes, qui dirigent le mouvement.

La battue commence. Les premiers coups de fusil se font entendre. Les lièvres les plus méfiants cherchent à forcer l'enceinte meur-

trière et payent cher leur audace. D'autres.
plus prudents, se tiennent au milieu de l'enceinte. Pour juger la position, ils se mettent
sur leur séant, à la façon des caniches que l'on
pose en faction (cela s'appelle faire le bon-
homme ou la chandelle). Ils piétinent des pieds
de derrière. agitent les pieds de devant, dressent les oreilles et regardent à droite et à gauche. Sans doute qu'ils cherchent à distinguer
parmi tous ces ennemis qui les entourent quels
sont les tireurs maladroits; et. il faut bien le
dire, souvent ils devinent juste. Ils forcent
l'enceinte près des novices, et c'est peut-être
de là que vient le proverbe : Aux innocents les
mains pleines! Quelquefois cependant leur
perspicacité est en défaut, et alors. ne sachant
quel chemin prendre, ils tournent au milieu de
l'enceinte, courent six ou sept à la file, essuient
quelques grains de plomb envoyés de trop loin.
se dressent de nouveau sur leurs pieds de derrière: enfin. croyant avoir reconnu un point
non gardé, une issue libre, ils se précipitent
dans cette direction. Mais à peine sont-ils par-
venus à la hauteur de la ligne des tireurs, qu'un
vieux chasseur, praticien émérite, se dresse à

dix pas devant eux, les met en joue froidement,
et alors, soit qu'ils rebroussent épouvantés,
soit qu'ils forcent la ligne, une détonation se
fait entendre, et une mitraille de plomb vient
les frapper d'un coup mortel.

Cependant les rabatteurs s'avancent. Leur
ligne se rapproche de plus en plus de celle des
chasseurs; ils n'en sont plus qu'à deux ou trois
cents mètres. L'émotion alors est à son com-
ble. Déjà une centaine de coups de feu ont re-
tenti. Les chasseurs chargent, tirent et rechar-
gent. Les lièvres perdent la tête. La dernière
scène commence: le massacre final s'accom-
plit. De cinquante à cent lièvres sont là, en
vue, au milieu de ce petit espace, cherchent
une issue, hésitent, s'avancent, rebroussent;
le feu continue, les traqueurs se rapprochent
en hurlant; enfin, les malheureuses bêtes se
décident; elles franchissent la ligne fatale; le
feu converge sur elles; le plus grand nombre
tombe sur le coup pour ne plus se relever;
d'autres s'en vont mourir à quelques cent mètres plus loin; quelques-uns enfin, les chan-
çards, parviennent à se sauver poil net.

Autrefois les grandes battues de plaine se

faisaient en temps de neige. Alors on voyait
les lièvres venir de loin. L'attente était plus
longue. et partant l'émotion plus forte. Aujour-
d'hui, en France, les battues en plaine sont
défendues en temps de neige par les arrêtés
préfectoraux. Sans doute. cette interdiction
donne un peu de répit au gibier. mais l'on peut
dire que les récoltes souffraient moins lorsque
les battues avaient lieu en temps de neige. Ce
ne sont pas les battues qui. en temps de neige,
sont plus spécialement destructives du gibier.
c'est la chasse au chien courant et surtout le
braconnage au bâton, parce qu'alors le lièvre
se laisse assommer dans le gite qu'il s'est creusé
au milieu de la neige.

En Alsace, les plus belles battues de plaine
sont celles que l'on fait dans les chasses de
M. Humann. A Düppigheim (Bas - Rhin), l'on
a tué en un seul jour trois cent trente - trois
lièvres. Dans le grand - duché de Bade, à
Kappel, feu M. Vœlcker permettait à ses
invités de massacrer jusqu'à six cents lièvres
en deux jours.

Quant aux accidents, ils ne sont pas aussi
fréquents qu'on pourrait le penser. Les chas-

seurs ont l'expérience des battues. Jamais l'on
ne tire en ligne. Au commencement de la
battue, on tire dans l'enceinte, les traqueurs
étant encore au loin. Quand il gèle, l'on re-
commande de faire plus spécialement attention, de peur des ricochets. Vers la fin, on
laisse les lièvres franchir l'enceinte, les chasseurs font volte-face et les atteignent au moment où déjà ils se croient hors de danger.

CHASSE

DE LA CAILLE VERTE.

La caille aime les climats tempérés. Il paraît que ses poumons délicats ne supportent ni les grandes chaleurs ni les grands froids. Elle fuit l'ardeur des tropiques au commencement de mai pour venir passer l'été en France et en Allemagne ; puis elle s'en retourne vers la fin du mois d'août, de peur de s'enrhumer dans les brouillards du Rhin. Il est fort probable que la caille a un autre motif encore pour régler ainsi les époques de ses migrations. Par ses relations avec le chien d'arrêt. elle a dû apprendre que la loi de 1844 a eu la lumineuse idée de rayer les cailles du nombre des oiseaux de passage, et qu'ainsi elle est à l'abri de tout danger jusqu'au 25 août pour le moins.

En Alsace, les cailles émigrent déjà dans la première quinzaine d'août, car la grande variété des cultures du pays ne laisse que très-peu de guérets et d'abris. Il faudrait pouvoir chasser les cailles pendant les mois de juillet et d'août, comme l'on fait des canards et des bécassines. Mais la loi existe ; elle est dure, il faut la respecter, sauf à donner par-ci par-là quelques coups de fusil dans ses prohibitions.

Dans le grand-duché de Bade, les législateurs sont beaucoup plus au courant des habitudes du gibier. Ils n'ont pas commis la maladresse de déclasser la caille ; ils ont permis de la chasser en tout temps et de toutes manières.

Une des chasses les plus curieuses que nous ayons vues dans cet excellent pays, c'est la *chasse de la caille verte*, ainsi nommée parce qu'elle se fait pendant les mois d'avril et de mai, au moment de la verdure naissante.

Le chasseur à la caille verte passe généralement pour un homme très-vertueux, car il aime à voir lever l'aurore. Dès que l'aube épand ses pâles clartés, il se rend dans les parties de la campagne où abondent les blés verts, les sainfoins, les luzernes, les prés. Il écoute, et bientôt il entend de tous côtés la voix sonore de la caille mâle, qui dit très-distinctement la phrase cauchemardante des pauvres débiteurs : *paye ! — tes ! — dettes !* — Il déploie alors un léger filet de soie, formant un carré d'environ trois mètres. Il l'étend doucement sur les tiges des blés ou des herbes. Puis il va se poster à une dizaine de pas, de façon à mettre autant que possible le filet entre lui et l'endroit d'où part le chant des cailles. Enfin il prend dans son sac un appeau composé d'un sifflet et d'une bourse. Le sifflet est fait avec l'os de la cuisse d'un mouton que l'on a poli intérieurement et extérieurement. Sa longueur est de trois à quatre centimètres ; les deux extrémités sont bouchées avec des morceaux de liége auxquels on laisse un vide pour le passage de l'air. Sur le côté du sifflet est un trou rond qui se trouve placé entre les morceaux de liége bouchant les extrémités de l'os. La bourse doit faire soufflet et fournir au sifflet l'air nécessaire pour produire le son désiré. Elle est en peau de chat ou de lapin, plate, plus longue que large, et remplie de crin frisé. Elle est cousue à points très-serrés et son orifice est fortement attaché au sifflet. Pour faire usage de cet appeau, on le place entre le pouce et l'index de la main gauche ; avec le dos du pouce de la main droite l'on frappe doucement sur la petite bourse et on lui fait produire ainsi un son particulier.

Aussitôt que les cailles entendent les sons de l'appeau, elles se rapprochent en piétinant entre les tiges; lorsque le chasseur a reconnu qu'il s'en trouve une dizaine sous le filet, il lance une motte de terre pour les effrayer. Les cailles veulent s'envoler, et se prennent dans les rêts du filet; il ne reste plus qu'à leur tordre le cou.

Comment en est-on arrivé à inventer un procédé aussi extraordinaire ? Serait-ce donc que les cailles se laisseraient séduire par la musique, comme autrefois les navigateurs par le chant des sirènes ? Sont-elles mélomanes au point d'oublier toute prudence et de se jeter tête baissée dans le filet ?

Hélas ! ce n'est pas la musique, mais l'amour qui les perd; l'amour qui a perdu Troie, et qui en perdra encore bien d'autres ! Dans l'espèce des cailles, les mâles sont beaucoup plus nombreux que les femelles; il en résulte natu-

rellement que celles-ci sont très-fort recherchées par ceux-là, et lorsque le matin une
femelle oubliée fait entendre un cri d'appel.
aussitôt une douzaine de célibataires se précipitent pour solliciter ses faveurs.

L'appeau doit imiter exactement le cri d'a-
mour de la femelle, et il faut une étude longue
et difficile pour arriver à l'imiter à la perfec-
tion. Heureux celui qui y parvient, car bientôt son carnier sera rempli des imprudents qui
se sont laissé tromper. Mais, si l'imitation
n'est pas parfaite, la caille se méfie ; elle
s'arrête, et. renonçant à ses projets de con-
quête, elle s'enfuit aussi prestement qu'elle
était venue.

J'ai vu d'adroits chasseurs prendre, par ce
moyen, des cailles par douzaines. Un vieux
braconnier possédait le talent de l'imitation à
ce point qu'au mois d'octobre il parvenait encore à réveiller les passions des mâles, malgré
les habitudes de paresse que l'obésité leur fait
contracter à cette époque.

Cette chasse à l'appeau n'a vraiment aucun
inconvénient. car les mâles seuls s'y laissent
prendre. Les femelles sont en trop petit nom-

bre et, par conséquent, trop recherchées pour avoir besoin de courir après les amoureux.

Quand, par exception, l'on prend une fe-melle, ce ne peut être qu'une vilaine jalouse venue sous le filet pour dévisager l'impudente rivale qui se permet d'attirer son époux de tout à l'heure. S'il est à désirer que la vertu trouve toujours sa récompense, il est à regret-ter que la jalousie, cet horrible défaut, ne trouve pas plus souvent une pareille punition.

UNE

CHASSE AU BLAIREAU.

Le blaireau est une pauvre bête qui ne fait
de mal à personne et qui ne demande qu'à
dormir. Il se nourrit de larves, de baies sauvages et de mûres ; sa chair n'est pas mangeable
et cependant l'homme lui fait une guerre d'extermination. Pourquoi vouloir détruire un animal utile et inoffensif? Faute de bonnes rai-
sons, l'on a imaginé de dire que le blaireau
mange les vignes. N'en croyez rien. Il est vrai
que le blaireau recherche les vignobles, mais
c'est tout simplement pour y trouver une retraite plus sûre et afin d'échapper aux poursuites des hommes. Il y avait chez nous des
blaireaux bien avant que les Gaulois, pour sa-
tisfaire une funeste passion, eussent songé à

cultiver la vigne. Ce n'est donc là qu'un prétexte, et le motif réel, il importe de le faire
connaître.

Ce motif, c'est le sybaritisme de l'homme
qui a voulu utiliser, pour son agrément, le
poil du blaireau, poil blanc à l'extrémité noire,
poil très-fin, très-tendre, très-souple. Vous allez croire qu'il s'agit de quelque objet de toi-
lette féminine. Non, je le déclare hautement,
le beau sexe n'est pour rien dans la destruc-
tion du blaireau. C'est le sexe laid qui se sert
de ce poil, et il s'en sert précisément pour paraître moins laid.

Autrefois les figaros faisaient, avec la main,
mousser le savon dans le plat à barbe, et c'est
avec les doigts qu'ils étendaient la mousse sur
la figure de la pratique. Aujourd'hui tout le
monde se savonne la barbe avec un épais pinceau, dont les poils soyeux viennent délicatement caresser le menton. Mon Dieu, oui! le
blaireau sert à faire des pinceaux, des pinceaux à barbe surtout. C'est pour confection-
ner des savonnettes que l'on extermine le blaireau. A quoi tiennent les destinées! Si l'homme
n'avait pas inventé la ridicule mode de se raser

la figure, s'il avait laissé croître la barbe, s'il n'avait pas la prétention de corriger l'œuvre de la nature, nous verrions encore dans nos campagnes le blaireau qui, loin d'être un ennemi, est un auxiliaire de l'homme. Il y aurait bien, par-ci, par-là, un peu de terre fouillée, mais il n'arriverait pas que des récoltes entières fussent dévorées par le ver blanc, qui constitue le mets de prédilection du blaireau.

Malheureusement, tout ce que je puis dire en faveur de cette espèce persécutée ne servira à rien. Les hommes continueront à se raser pour avoir l'air efféminé, et je ne suis pas éloigné de croire qu'ils ont ainsi l'air qu'ils méritent. Cependant je tiens à constater, à l'éloge de la victime, qu'elle pratique des vertus que ses destructeurs ne possèdent pas toujours. Lorsqu'un blaireau devient vieux, que ses ongles puissants sont usés, que ses crocs sont émoussés, qu'il ne peut plus subvenir à ses besoins, les autres blaireaux du canton, plus jeunes et plus ingambes, pourvoient à sa nourriture et la lui apportent dans son terrier. Des traits pareils méritent quelques égards, mais l'homme n'en a pas tenu compte et con-

tinue à tuer les blaireaux et à leur couper le
poil, afin de pouvoir se les couper plus doucement à lui-même.

Après avoir rempli un devoir de haute mo-
ralité, en disant le fond de ma pensée sur cette
pauvre bête, je veux raconter la fin lamentable d'un vieux blaireau, auquel les chasseurs
avaient donné le surnom d'ermite de la forêt
de Schirrhein.

Des deux côtés du Rhin s'étendent de vastes
plaines couvertes d'antiques forêts. En Allemagne et en France le sol est le même, les forêts de Sandweyer et de Haguenau présentent
le même aspect. Cette dernière, cependant, a
plus d'étendue, car elle mesure huit lieues de
long. Les arbres sont vieux et robustes, et
parmi eux l'on remarque le doyen des chênes
de la contrée, qui remonte tout au moins à l'é-
poque des croisades. La partie la plus belle de
cette forêt constitue le canton de Schirrhein.
C'est là que s'est passé le petit drame dont je
tiens le récit de mon ami F...., chasseur intré-
pide et partenaire de la chasse de ce canton.

Dernièrement il chassait la bécasse dans la
forêt de Schirrhein, lorsqu'il entendit un bruit

de pioches dans un ravin voisin. C'était un di-
manche. Croyant rencontrer des maraudeurs.
il s'approcha et reconnut trois paysans du village, le père et les deux fils, qui s'évertuaient
à fouiller un terrier. En se promenant le matin, un petit chien-loup, qui les accompa-
gnait. était entré dans ce terrier et avait donné
de la voix avec rage. Ils conclurent à la présence d'un renard dans le logis souterrain. et
les fils étant allés quérir les outils nécessaires.
le père avait fait sentinelle. Puis l'opération
avait commencé, et l'on avait déjà creusé une
assez forte tranchée. A ce moment le petit
chien ressortit ensanglanté, mais à peine eut-
il respiré un peu d'air et secoué la terre qui
remplissait sa longue fourrure. qu'il rentra
dans le terrier avec une nouvelle ardeur, et à
ses aboiements successifs, inquiets et mena-
çants à la fois. l'on reconnut que la bête lui
tenait tête. Le vieux paysan colla l'oreille contre le terrier, et bientôt se releva, en disant
gravement à mon ami F....: «Monsieur, nous
n'aurons pas fini de si tôt; ce n'est pas un renard qui tient tête à mon chien, c'est bien le
grognement d'un blaireau que j'entends. —

Mes enfants, à l'ouvrage, ajouta-t-il, en s'adressant à ses fils, nous avons un rude compagnon à dénicher....» Le petit chien ressortit avec une nouvelle blessure. Le blaireau profita de ce moment de répit pour creuser plus avant, en rejetant la terre derrière lui. Mais le petit chien, que ses maîtres suivaient à coups de pioche, enlevait ce nouvel obstacle, et la poursuite continuait, sans que l'on pût gagner sur le fuyard.

Mon ami retourna au village, et vers huit heures du soir, il demanda des nouvelles des fouilleurs. «Ils sont encore là-bas,» lui fut-il répondu. — «Mais il fait nuit?» — «Oh, Monsieur, ils ont des chandelles.» — La curiosité de F.... fut piquée par tant de persévérance; il prit son fusil, et, accompagné du garde, il retourna au bois. De loin, il aperçut la lueur des deux chandelles qui ressemblaient à des feux-follets, et les trois paysans, capricieusement éclairés, figuraient assez bien des gens en train de conjurer le diable pour la découverte d'un trésor.

Ils n'avaient pas cessé de piocher, oubliant de manger et se contentant de quelques petits

verres de kirschwasser pour se donner des
forces. Cependant le découragement commen-
çait à se peindre sur leurs visages. Le blaireau, vieux madré de l'espèce, les avait dé-
joués, en passant sous les tranchées, en changeant de direction , tantôt horizontalement,
tantôt verticalement. Vingt mètres de tranchée
étaient creusés, ayant à certains endroits jusqu'à un mètre cinquante centimètres de pro-
fondeur.

Enfin, vers dix heures et demie, le petit
chien, qui était dans un véritable délire, donna
de nouveau, et le vieux paysan reconnut bientôt que la petite bête était face à face avec son
ennemi acculé. Dès lors, le blaireau, occupé
de son adversaire, était obligé de suspendre
ses travaux de mineur, et l'on pouvait gagner
sur lui. L'on donna les chandelles à un gamin
qui avait apporté les vivres encore intacts. Le
père exhorta ses fils, et l'on se remit à piocher.
A onze heures, l'on était à un pas du blaireau.
L'un des fils alla chercher la fourche, dont on
a toujours soin de se munir pour saisir les animaux que l'on fouille, et alla se placer au haut
de la tranchée, prêt à enfourcher le blaireau

par la tête et le maintenir ainsi jusqu'à ce qu'il
fût assommé.

A ce moment il se fit un tumulte affreux, les
lumières s'éteignirent, les travailleurs culbu-
tèrent, le petit chien hurla, mon ami lui-
même fut saisi d'épouvante. Le garde eut la
présence d'esprit de rallumer la chandelle, et
lorsque l'on put voir clair sur ce champ de bataille, l'on reconnut heureusement qu'il n'était
rien arrivé de fâcheux à personne. Voici ce
qui s'était passé. Le blaireau, mal enfourché,
était parvenu à se dégager, avait chargé ses
assaillants, renversé le père, culbuté les fils,
éteint les lumières. Sans doute, il s'était
échappé et douze heures de fatigue étaient
perdues. Mais non! Le petit chien se remit de
plus belle à japper contre le terrier. Le blaireau, ne pouvant pas gravir les bords escarpés
de la tranchée, était rentré dans son trou.
Grande faute, hélas! car dix minutes plus tard
la fourche fatale l'étranglait de nouveau. Ses
cruels adversaires lui passèrent un pieu à travers le cou, le soulevèrent pour le laisser re-
tomber dans un sac qu'on lui noua comme un
peignoir au-dessous de la tête. Alors commença

une marche triomphale. Le gamin portait les
chandelles, le père suivait avec les outils, les
deux fils traînaient la victime encore vivante,
mon ami F... et le garde fermaient la marche.
Les paysans chantaient, la nuit était noire, et
ce cortége avait quelque chose de vraiment
fantastique, en se dirigeant ainsi vers le village,
sous les ramures dénudées des chênes. Il était
près de minuit, quand l'on rentra. L'on mit le
sac à terre, et le blaireau, qui pesait plus de
quarante livres, fut achevé à coups de trique.

Aujourd'hui peut-être quelque peintre, avec
ou sans talent, blaireaute son ciel avec les poils
de la pauvre bête, sans se douter de la défense
héroïque qu'elle a faite et de l'agonie atroce
qu'elle a subie.

LE

BRACONNAGE AU BATON.

En Alsace, et même dans le duché de Bade, les grandes chasses seigneuriales sont rares. Le morcellement des terres a énormément augmenté depuis cinquante ans, et, pour constituer de belles chasses, il a fallu qu'il se formât des sociétés de chasseurs qui louent. souvent fort cher, le droit de chasse sur les biens communaux, et qui obtiennent la permission des particuliers moyennant de légères indemnités.

Ces sociétés tiennent à honneur de ménager leurs chasses. En fait de chevreuils et de faisans, elles ont pour principe de ne tirer que les broquarts et les coqs, et cette prescription est sanctionnée par des amendes contre les contrevenants.

Malheureusement les lièvres sont tirés sans distinction de sexe, car, jusqu'à présent, l'on n'a pu trouver d'autre moyen de distinguer les mâles des femelles que celui que les vieux chasseurs enseignent aux novices : « Quand c'est un lièvre, il court ; — quand c'est une hase, *elle* court ! !... »

Cependant ce n'est pas cette difficulté de respecter les hases qui cause grand dommage à une chasse. Les chasseurs ont toujours un canton de réserve où les lièvres peuvent croître et se multiplier, et ils profitent largement de la permission.

S'il arrive parfois qu'une société de chasse extermine le gibier en masse, c'est qu'elle se trouve à la veille de l'expiration d'un bail qu'elle n'a pas l'espoir de faire renouveler, parce qu'une société rivale doit pousser les enchères à un chiffre exorbitant. Mais, hors ce cas, les chasseurs ménagent le gibier, et si certains cantons sont dépeuplés de lièvres, ce n'est pas grâce aux coups de fusil, mais grâce aux coups de bâton.

Le braconnage s'exerce partout et de cent
manières différentes, mais un des modes les
plus destructeurs est certainement le braconnage au bâton. Dans les chasses où le lièvre
abonde, un braconnier au bâton peut tuer plus
de cent lièvres par an, sans aucun risque
d'arrestation ou de condamnation.

Cela vient de ce que les moyens employés
sont très-simples, qu'ils n'exigent aucun ap-
pareil, et qu'ils sont calculés sur une longue
expérience des habitudes du lièvre. Je n'ai
pas la crainte que la description de ces moyens
fasse tuer un lièvre de plus, car les braconniers ne lisent pas les journaux, et, en fait de
ruses, il n'y a rien à leur apprendre; mais je
pourrai peut-être rendre service aux propriétaires des chasses et aux gardes en dévoilant
ce mode illicite de capture du gibier.

Le braconnage au bâton s'exerce quand le
lièvre *tient.* On dit que le lièvre tient quand
il ne fuit pas à l'approche de l'homme. Généralement, le lièvre tient lors de l'ouverture de
la chasse, parce que pendant plusieurs mois il
a vécu dans une quiétude parfaite; il tient
quand il fait très-chaud, quand il a neigé,

quand les champs sont détrempés par la pluie,
parce qu'il comprend que dans ces conditions
il a peu de chances de se sauver au moyen de
ses pattes. Alors il se blottit dans sa forme
(ou son gîte), espérant rester inaperçu de ses
ennemis par son immobilité et à la faveur de
son pelage fauve qui le fait confondre avec le
sol. Quand le lièvre tient, l'on peut tourner
vingt fois autour de lui, l'approcher à deux
pas sans qu'il bouge, sans qu'il sourcille. Il
semble cloué au sol, et son bel œil noir et rond.
qui dévisage le braconnier, est le seul signe
d'une existence désormais gravement com-
promise.

C'est l'observation de ces habitudes du lièvre
qui a fait inventer le braconnage au bâton.

Après avoir reconnu un lièvre dans son gîte.
le braconnier s'éloigne pour aller prendre son
bâton ; il revient en marchant hardiment jusqu'à vingt pas environ du lièvre. puis il oblique
soit à droite, soit à gauche, et tourne autour
du gîte en rétrécissant le cercle qu'il décrit
jusqu'à ce qu'il n'en soit plus qu'à deux pas.
Alors le braconnier frappe le lièvre sur la
nuque, et, si l'animal ne reste pas mort sur

place, le bâton, lancé avec adresse, lui casse les pattes de derrière au moment où il va gagner le large.

D'autres fois les braconniers se mettent à deux pour chasser. L'un d'eux s'avance hardiment vers le lièvre au gîte, le dépasse, et, pendant qu'il attire ainsi l'attention anxieuse de la pauvre bête, le complice s'approche d'elle inaperçu et l'assomme.

Ce sont là les procédés primitifs; mais la crainte des gardes, de l'amende et de la prison, a fait apporter à ce mode de braconnage de grands perfectionnements.

Avant tout, il s'agissait de ne pas être soupçonné; puis, ce qui était plus important, de ne pas être vu; enfin, ce qui était essentiel, de ne pas être pris.... le lièvre dans le sac.

Les braconniers au bâton ont soin de choisir pour théâtre de leurs coupables exploits une vaste plaine sans accidents de terrain, sans bouquets d'arbres qui pourraient servir de cachette à un garde trop zélé. Ils portent d'ordinaire sur l'épaule gauche une pioche ou quelque autre instrument aratoire, affectant ainsi d'aller travailler aux champs. Ils possèdent plusieurs bâtons qu'ils cachent en différents endroits du canton qu'ils exploitent, sous les feuilles de choux ou la verdure des buissons. Jamais on ne leur voit un bâton à la main. Quand ils ont aperçu un lièvre au gîte, ils vont chercher le bâton le plus proche. A ce bâton est attachée une ficelle qui permet de le laisser traîner dans les herbes et les sillons, et au moyen de laquelle le braconnier ramène vivement le bâton dans la main quand il s'agit de porter au lièvre le coup mortel.

A quinze pas, l'œil le plus exercé ne distingue rien de particulier dans l'allure de cet homme, et, si une rencontre est inévitable, le braconnier desserre les doigts, lâche la corde, et le bâton compromettant reste couché dans les hautes herbes. Dans cette industrie, comme dans beaucoup d'autres, l'on ne voit pas la ficelle.

Quand le braconnier a tué le lièvre au gîte, il ne se baisse pas pour le ramasser, il continue son chemin et va cacher son bâton. Après avoir fait un grand détour, et s'être bien assuré que personne ne l'observe, il revient au gîte mortuaire, il prend son lièvre et le transporte dans quelque cachette tout près d'un chemin. Ce n'est qu'à la nuit tombante qu'il y retourne pour mettre le lièvre dans un sac et le porter chez lui. A ce moment il ne risque plus rien ; il se trouve sur une route fréquentée, et le garde lui-même, s'il le rencontrait, ne songerait pas à lui demander ce qu'il porte dans son sac, d'autant moins que ce sac n'est pas taché de sang, puisque la mort du lièvre remonte déjà à plusieurs heures.

Ainsi perfectionné, le braconnage au bâton est certainement le moyen le plus facile de prendre les lièvres, le moyen le moins compromettant et le plus productif. Ce genre de braconnage fait le désespoir des gardes.... quand ce ne sont pas eux-mêmes qui le pratiquent !

LA CHASSE

AU COQ DE BRUYÈRE.

———

Au mois d'avril, alors que le chasseur français a mis son fusil aux crochets et se repose forcément, le *Weidmann* badois peut encore se livrer à sa passion. Depuis février, il est vrai, les lièvres sont, de par la loi, à l'abri de ses coups, mais la bécasse peut se chasser pendant tout le temps de la passe, et la date fatale du 10 avril n'a aucune signification prohibitive dans le grand-duché de Bade. Mais ce qui surtout doit exciter l'envie de tous les disciples de saint Hubert, c'est que pendant le mois d'avril le chasseur peut, dans ce fortuné pays, se donner les bienheureuses fatigues et les délicieuses émotions de la chasse au coq de bruyère.

Cet oiseau magnifique, qui a presque complétement disparu des forêts de la France, existe encore, par compagnies, sur les plus hautes montagnes de la Forêt-Noire. Inutile ici de parler de son plumage et de son ramage, car chacun connaît la charmante description que Toussenel, dans son *Monde des oiseaux,* a faite du coq de bruyère, qu'en vertu de l'analogie passionnelle, il appelle : Fou d'amour !

Ce surnom, que bien des hommes voudraient se faire donner par l'objet de leur flamme, n'est que trop bien mérité par le coq de bruyère. Au printemps, pendant la durée de ses extases amoureuses, il chante à tue-tête, il appelle par des notes suraiguës les poules des alentours, il oublie toute prudence, il n'entend pas le chasseur qui s'approche, il ne voit pas le fusil qui brille, et il meurt dans l'impénitence finale de son délire érotique.

L'homme est une méchante bête qui profite de ce qu'il y a de bon dans les autres animaux pour leur faire du mal. Le chasseur a espionné

les habitudes du coq de bruyère, il a reconnu
que les transports de l'amour troublent sa vue
et bouchent ses oreilles, et, sans pitié, il vient
jeter un plomb mortel au milieu de ces chants
d'allégresse et de ces rêves de bonheur.

Hélas! moi aussi, je me suis laissé entraîner
par cet attrait irrésistible qu'offre la chasse à
tous ceux qui ont mordu à ses émotions si di-
verses. Quand une mouche bourdonne à ma
vitre, je suis incapable de la tuer : j'ouvre la
fenêtre et je la prie de sortir. Cependant, je
l'avoue à ma honte, à la chasse je suis impi-
toyable, je tue tout ce qui se présente, à moins
que je ne manque, ce qui arrive encore très-
souvent et fort heureusement pour ma con-
science, obligée de me condamner en cas de
succès, mais toujours avec admission de cir-
constances atténuantes.

J'avais donc accepté une invitation d'aller
chasser le coq de bruyère (en allemand, *Auer-
hahn*) dans les montagnes qui encaissent le
cours de la Murg, près de Gernsbach. Dès la
veille, il fallut partir et passer la nuit dans une
misérable hutte, sur un lit de feuilles sèches,
peuplé de puces d'autant plus sanguinaires

qu'elles sont moins habituées à rencontrer des épidermes délicats.

Avant l'aurore, nous étions sur pied. Le garde nous fit gravir le sommet de la montagne, à travers les ronces et les rochers. Puis nous nous tînmes aux écoutes. Quelques instants s'étaient écoulés dans le plus complet silence, quand soudain le chant du coq retentit, et je reconnus combien la description de Toussenel est exacte : «Le coq de bruyère débute par un violent coup de tam-tam assez semblable au gloussement du dindon. Cette note détonnante est immédiatement suivie d'un feu de file d'autres notes grinçantes, stridentes et criardes, douces au tympan comme le gémissement d'une scie qu'on écorche. Après quoi le chanteur s'arrête, pour reprendre haleine d'abord et ensuite pour juger de l'effet de ce premier morceau, et puis il recommence.»

Il s'agissait d'avancer à portée de fusil pendant que l'oiseau amoureux exécutait ces roulades exagérées dont le bruit assourdissant devait couvrir celui que nous ferions en nous frayant un passage à travers le taillis. La difficulté consiste à s'arrêter avant la dernière note

de chaque couplet, sous peine de voir le coq
effarouché s'envoler à tire d'ailes.

J'exécutai la manœuvre et, m'étant cogné le
genou contre un rocher, je m'arrêtai précisément à l'instant fatal. L'oiseau recommença et
je m'avançai si bien que je l'aperçus fièrement
campé sur une des plus hautes branches d'un
énorme sapin. Tremblant d'émotion, je mis en
joue : le coup partit, réveillant au loin les
échos des montagnes, et le coq..... vole encore !

CHASSE DU RENARD

AUX TERRIERS.

Dans les derniers jours d'avril, nous partîmes pour aller fouiller des renards dans un charmant bois de sapins, près du village de Sandweier.

Le terrier, que le garde avait reconnu et qu'il avait fait surveiller depuis le matin pour empêcher la fuite des renards, père et mère, se trouvait par exception dans un terrain absolument plat, car les renards ont coutume de creuser leurs terriers sur le revers de quelque accident de terrain, afin d'opposer une couche de terre plus épaisse à ceux qui voudraient violer leur domicile. Nous reconnûmes bientôt

que c'était la légèreté et la mobilité du sol en
cet endroit qui avaient dû décider les renards
à y creuser leur demeure conjugale et le ber-
ceau de leur progéniture. Du reste, c'était un
ancien terrier que l'on avait fouillé deux ans
auparavant.

Quatre hommes, deux gardes et deux paysans, nous attendaient. Ils étaient armés de
pelles et de pioches pour creuser le sol; de
haches, pour couper les racines qui feraient
obstacle. Autour de nous sautaient et frétillaient
six bassets noirs marqués de feu, gros comme
le poing, mais pleins d'ardeur, et disant leur
impatience par ces notes suraiguës qui for-
ment la voix de fausset particulière à cette
espèce.

Nous fîmes entrer d'abord une chienne du
nom de Valdine, petite vieille aux jambes tor-
ses et aux vives allures. A peine dans le terrier,
elle donna de la voix; puis un silence; bientôt
on l'entendit de nouveau, mais le son était
affaibli, comme s'il sortait à cent pieds de des-
sous terre. C'est un bien curieux effet d'acous-
tique que celui produit par le grognement d'un
petit basset qui rampe sous le sol, à une pro-

fondeur de deux mètres et à vingt pieds de l'orifice du terrier.

On lâcha un second, puis un troisième basset, et l'on se tint aux écoutes, tous couchés sur le sol et l'oreille dans la mousse. Chacun donna son avis et on se décida à ouvrir la tranchée de manière à couper la ligne que suivait le terrier, à une dizaine de pas de son orifice, direction que l'on reconnut par l'endroit d'où partait la voix des chiens. Pendant que les quatre hommes étaient occupés à creuser, l'un des bassets ressortit avec un levraut, échantillon du garde-manger que la sollicitude des parents renards avait établi dans leur demeure souterraine. Le petit lièvre pouvait avoir huit jours, morceau délicat pour les jeunes estomacs des renardeaux. A ce moment la pioche de l'un des travailleurs rencontra la galerie du terrier et un second basset en sortit apportant un autre levraut de même taille que le premier. Les chiens en rapportèrent ainsi jusqu'à six, ce qui prouvait jusqu'à l'évidence que messieurs les renards avaient fait bonne chasse et n'étaient pas intentionnés de se laisser mourir de faim.

Les six cadavres des levrauts criaient ven-
geance et l'on se remit à l'œuvre avec un re-
doublement d'ardeur. Une seconde tranchée
rencontra à vingt pas plus loin une galerie
si étroite que nous désespérâmes un instant
de réussir. Cependant la vieille chienne parut, traversa avec rage la tranchée, pénétra
dans l'étroite galerie et donna de plus belle.
Nous étions sûrs de Valdine, elle ne trompait
jamais. Il fallut creuser une troisième tranchée
à trente pas de l'ouverture du terrier. Au bout
d'un quart d'heure de travail l'on tomba de
nouveau sur la galerie. Cette fois elle s'élar-
gissait. Nous approchions évidemment de la
dernière retraite de ce mystérieux repaire, de
l'asile que les renards avaient cru inviolable.
Bientôt Valdine, qui avait marché vite, appa-
rut à la tranchée et à peine l'eut-elle traversée,
qu'elle reparut portant un renardeau à peu
près gros comme elle. Elle l'étrangla sans autre
forme de procès. Les autres bassets étaient
furieux de jalousie. On les aida quelque peu
en enlevant de la terre, et bientôt quatre
renardeaux gisaient à côté des six levrauts,
payant ainsi, victimes encore innocentes, les

crimes de leurs parents. Ce n'est qu'avec peine
que nous pûmes arracher à un trépas certain
le cinquième renardeau, que l'un des gardes
mit tout vivant dans son carnier.

La chasse était finie, car si les vieux s'étaient
trouvés dans le terrier, ils auraient défendu
leurs petits contre les chiens. L'on enterra les
victimes et l'on reboucha le terrier en y four-
rant des branches de sapin. Le tout fut recou-
vert de mousse et de terre, et l'on eut soin de
laisser le terrier intact, afin de permettre aux
renards de s'y installer l'année prochaine sans
trop de difficulté.

En rejoignant la voiture pour rentrer, nous
vîmes débouler à trente pas la renarde qui,
cachée dans quelque fourré, nous guettait
sans doute pendant notre cruelle opération.
Par malheur mon ami L... venait de dé-
charger son fusil sur un oiseau de proie et
manqua ainsi l'occasion de compléter digne-
ment la journée.

Le garde nous promit que les méchantes
bêtes ne jouiraient pas bien longtemps de l'im-
punité. En effet, dès le soir deux hommes furent mis à l'affût sur des arbres, car les renards

sont déliants et la moindre émanation les met
en fuite. Mais ce fut peine perdue. Ni le
lendemain ni le surlendemain l'on n'aperçut
même la queue d'un renard. Déjà l'on déses-
pérait. lorsque le garde s'avisa d'un strata-
gème infernal. Il fit creuser, non loin du terrier, un trou profond de quatre-vingts centimètres et large d'environ un mètre. Au fond
il attacha, contre des tiges de fer, avec une
chaînette, le renardeau que nous avions con-
servé vivant. En haut. tout autour du trou.
l'on dressa trois piéges.

Ce moyen paraissait infaillible, car l'on a de
nombreux exemples de l'amour maternel des
renardes. Le pauvre petit, que l'on avait
laissé jeûner avec intention. devait attirer la
mère par ses gémissements et devenir ainsi le
traître instrument de sa perte !

Le lendemain matin le garde, plein de
confiance dans le succès de sa ruse, alla voir
si la mère et l'enfant se portaient.... mal. Il
aperçut, en effet, les traces d'un renard se
dirigeant droit vers l'endroit fatal. Il les suivit.
mais quel fut son étonnement lorsqu'il vit les
piéges intacts et reconnut que les traces. à

quelques pas du trou, disparaissaient, derrière
une butte de terre fraîchement remuée, dans
un véritable terrier! Aucune autre trace à l'entour, si ce n'est celles qui constataient que la
bête était ressortie du terrier nouvellement
creusé pour s'enfuir dans une autre direction.

Que s'était-il passé? Le renardeau, qui la
veille encore était maigre et plaintif, avait le
ventre arrondi et sautillait gaiement au fond du
trou. Qui donc lui avait apporté de la nourriture? En descendant dans l'excavation, l'on
reconnut bientôt que la mère renarde avait
creusé, en une nuit, un terrier d'environ cinq
mètres. Elle avait poussé droit vers l'endroit où
elle savait son petit et était entrée dans le trou
en passant au-dessous des piéges disposés autour de ses bords. Dans sa direction elle ne
s'était pas trompée d'une ligne.... le cœur
d'une mère ne se trompe jamais! Elle avait
allaité son renardeau, et après avoir tenté de
vains efforts pour briser la chaînette qui le rete-
nait, la pauvre.... mais prudente mère était
repartie le cœur serré en promettant à son enfant de revenir le lendemain pour tenter de
nouveaux efforts de sauvetage.

Trop souvent les journaux racontent les généreux efforts tentés pour sauver quelque malheureux puisatier enseveli dans les décombres. Certes, ils sont bien mérités les éloges et les récompenses que l'on décerne à ceux qui jouent leur vie en opérant d'aussi périlleux sauvetages, mais la pauvre renarde n'a-t-elle pas aussi quelques titres à une mention honorable lors de la prochaine distribution des prix Monthyon?....

Mes lecteurs apprendront avec plaisir que la renarde n'a pas été tuée.... jusqu'à présent. Il est vrai que l'on n'a pas poussé la générosité jusqu'à lui rendre son petit !

LES ILES DU RHIN

EN 1858.

Il est à présumer que le vieux dicton : « Changeant comme les flots, » — a été inventé par les habitants des bords du Rhin. Ce grand fleuve, capricieux comme une jolie femme, a souvent changé de lit et a couru bien des bordées sur les terres de ses voisins. Tout le long de son trajet, entre Bâle et Mayence, l'on rencontre une foule de petits cours d'eau accessoires qu'il a jetés à droite et à gauche, comme des enfants perdus, et qu'on appelle, non pas les fils, mais très-improprement les bras du Rhin.

Ces petits Rhin, après avoir vagabondé dans la plaine, viennent rejoindre le grand fleuve, formant ainsi des îles qui souvent mesurent quelques kilomètres carrés de superficie. Les unes ne sont que de simples bancs de cailloux.

mais d'autres présentent un aspect varié et pittoresque : rives escarpées, plages de sable fin, saules séculaires autour des prairies, bois touffus de chênes et de sapins, champs cultivés sur les points élevés où ne peuvent atteindre les inondations. Les plantations de saules dominent afin d'offrir les fascines nécessaires pour les endiguements, car depuis une vingtaine d'années l'on a exécuté d'immenses travaux pour mettre un terme aux ravages du Rhin. Le vieux fleuve a l'air de se laisser faire : il accepte les entraves qu'on lui pose, il fait semblant d'être dompté : mais parfois, quand la séve printanière coule dans ses veines, il se réveille soudain, rompt ses liens, recommence ses débordements, arrache les saules séculaires et enlève des hectares entiers qu'il engloutit dans ses eaux mugissantes.

Les îles du Rhin sont peuplées de toute espèce de gibier. Le faisan y abonde, surtout en automne, quand l'eau devient rare dans les grands bois de la plaine. Le chevreuil adore les clairières et les fourrés qu'il y rencontre : le sanglier y trouve les plus belles bauges. Le lièvre vient demander aux îles la quiétude qui lui manque dans les cantons du rivage ; la perdrix leur doit un asile presque inviolable au mois de septembre, quand la plaine est couverte de bandes d'assassins.

A tous ces titres les îles du Rhin constituent un terrain bien favorable aux exploits cynégétiques, mais une grande difficulté s'y rencontre : c'est la multitude des petits cours d'eau qu'il faut traverser les jours de battue. Ces cours d'eau sont rapides, profonds, entrecoupés de vieilles souches d'arbres qui depuis des centaines d'années servent de retraite aux perches et aux brochets. Ce n'est pas une petite affaire que de franchir tous ces ruisseaux, et bien souvent l'on a dû renoncer à une chasse qui promettait de splendides résultats.

Cet hiver les eaux ont été très-basses. La désolation régnait dans tous les moulins d'alentour, mais les chasseurs en ont profité pour explorer les îles du Rhin. L'on a pu passer à pied sec, ou tout au moins à gué, tous les vieux bras du Rhin, et le gibier a payé cher cette pénurie aquatique.

J'assistais, il y a quelques jours, à l'un de ces petits épisodes de chasse dont le pinceau de

Haffner et le crayon de Lallemand ont plus d'une fois formé le sujet d'un gracieux tableau de genre.

Une douzaine de chasseurs et de gardes traversent un de ces cours d'eau dans les iles du Rhin. Les chasseurs qui ont des bottes bien hautes et bien graissées passent à gué ; les autres sont tirés d'embarras par quelques confrères complaisants qui renouvellent pour eux le miracle de la mer Rouge en les faisant arriver pieds secs sur la terre promise. Les malheureux rabatteurs n'en sont pas quittes aussi facilement ; ils sont obligés d'entrer dans les eaux glacées et un faux pas peut changer pour eux le bain de pieds en bain complet. La scène est animée par les chiens qui passent et repassent vingt fois et viennent se secouer le poil sur les habits de leurs maitres.

Tout cela a l'air d'une expédition guerrière. La colonne s'avance, les fusils brillent, on sent la poudre, le plomb siffle, l'ennemi se sauve ; mais heureusement les familles des morts ne réclament pas de pensions et les éclopés n'obtiennent pas la moindre médaille.

CHASSE AU FAISAN.

Le faisan est originaire des rives du *Phase*, fleuve de la Colchide, d'où Jason a rapporté la Toison-d'Or. L'on n'a jamais pu savoir en quoi consistait la Toison-d'Or, mais il paraît certain que c'est aux Argonautes que l'on doit l'importation du faisan en Grèce, et il est généralement admis que ce sont les croisés qui l'ont rapporté de Constantinople. Depuis lors, l'oiseau du Phase (en latin *Phasianus*) s'est acclimaté en Allemagne, en France et en Angleterre, mais il fut d'abord un gibier réservé exclusivement au plaisir et à la table des princes et des rois. Les grands seigneurs seuls pouvaient se donner le luxe des faisanderies, et les règlements des chasses portaient des peines

sévères contre ceux qui se permettaient d'at-
tenter à cet oiseau privilégié. La révolution
française, en décapitant la noblesse, en ven-
dant les biens nationaux, fut cause de l'éman-
cipation du faisan, qui s'échappa des forêts de
la couronne et des parcs réservés pour aller
vagabonder librement dans les bois communaux et particuliers.

Si l'Alsace et le duché de Bade sont peuplés
de faisans, c'est que les seigneurs possessionnés
en Alsace y avaient établi à grands frais de
magnifiques faisanderies, notamment le land-
grave de Hesse-Darmstadt, à Bouxwiller, le
maréchal d'Huxelles, à Harthausen, près de
Haguenau, et le cardinal de Rohan, prince-
évêque de Strasbourg, à Saverne ; c'est que les
princes allemands entretenaient sur la rive
droite du Rhin, dans de vastes parcs, du gibier
de toute espèce, et que la révolution, par ses con-
fiscations et ses guerres, a donné la liberté aux
faisans, qui ont été élire domicile dans les îles du
Rhin et dans les bois de niveau un peu bas qui
avoisinent les bords du grand fleuve. Ainsi, pour
que nous, humbles chasseurs, puissions nous
donner le plaisir de tirer le faisan, ce phénix

des hôtes de nos bois, il a fallu deux expé-
ditions militaires lointaines et une sanglante
révolution. A quoi tiennent les destinées!

Les iles du Rhin étaient désignées par la nature comme le séjour de prédilection du faisan
à l'état libre. A l'arrière-saison, il y trouve des
champs de maïs, des arbustes aux baies colo-
rées, des mûres sauvages et de l'eau, car le faisan, de même que le chevreuil, fuit les forêts
dont le sol est complétement desséché. Aussi
s'est-il multiplié dans ces iles charmantes, et
il n'est pas rare de tuer plus de quarante coqs
dans une seule journée de battue.

Le faisan est un oiseau fort capricieux, il a
la bosse du changement. Quoiqu'il soit séden-
taire dans nos contrées, il éprouve le besoin
de changer souvent de résidence, et il passe
d'un canton dans un autre sans rime ni raison.
Lorsque les ruisseaux d'un bois se dessèchent,
les faisans se hâtent de le quitter, dussent-ils
aller dans les champs, dans les cultures, pour
trouver leur nourriture et de l'eau. C'est ce
qui explique la chance du chasseur de plaine,
qui ne s'attend qu'à l'humble perdreau ou au
modeste lièvre, et qui rencontre un faisan dans

un champ de pommes de terre, voire dans les prairies ou dans les luzernes.

C'est surtout à l'époque où les brouillards d'automne viennent étendre leur voile gris sur la vallée, que le faisan est pris de sa passion de vagabondage. Il s'en va au hasard, sans chemin et sans but. L'on en a vu qui croyaient traverser le Rhin, tandis qu'ils en suivaient le cours : que le Rhin a dû leur paraître large ! Mais hélas ! fatigués enfin de cette traversée impossible, ils tombaient épuisés dans le rapide courant du fleuve, et devenaient ainsi victimes de leur tempérament aventureux.

Lors de l'ouverture, il faut chercher le faisan à la lisière des bois, et si ces bois sont bordés de champs, on le trouvera de préférence dans les champs de maïs, dans les topinambours, dans les pommes de terre et même dans les hautes herbes. Après l'ouverture, en septembre, quand les récoltes se font, quand le maïs s'ébranche et s'éclaircit pour en faciliter la maturité, le faisan se retire dans les jeunes coupes et dans les îles.

Au mois d'octobre, on le rencontre presque partout : le moindre couvert peut recéler une surprise agréable pour le chasseur. Plus tard il faut le chercher dans les grands couverts, dans les hautes futaies dont les pieds sont embrouillés dans d'inextricables ronces. C'est là que le faisan trouve pendant la mauvaise saison un abri contre ses ennemis, contre la neige et le givre. Je parle du faisan de la plaine, car celui qui habite les îles du Rhin, y reste à demeure parce qu'il y trouve tous ces avantages réunis.

Le faisan se nourrit généralement de limaçons, de vers. d'insectes ; il ne devient nuisible que par ses visites dans les champs de maïs. Ce n'est pas seulement leur gloutonnerie qui y cause du dommage, mais ils ont l'habitude de se poser sur les plus beaux épis qui cassent sous leur poids, et autant d'épis cassés, autant de perdus, car ils n'arrivent plus à maturité.

Lors de l'ouverture, l'on ne doit tirer les faisandeaux que lorsqu'ils sont assez maillés pour pouvoir distinguer les coqs des poules. C'est un véritable crime, digne des peines les plus sévères, que d'imiter ces infâmes massacreurs qui tuent sans distinction de sexe toute une petite compagnie, sous le prétexte qu'il était impossible de reconnaître les jeunes coqs.

Lorsque votre chien a signalé la présence de faisans dans un champ de maïs, il faut se hâter de leur couper la retraite du bois, car leur tendance est toujours de fuir à pied de ce côté. Vous voici adossé contre le bois : votre brave chien est en face à quinze pieds : les faisans sont blottis. Quel moment solennel ! Attention.... Soudain la poule s'élève à grand bruit.— Respect à la mère, chasseur, ne vous pressez pas, vous allez en voir d'autres. — Un faisandeau sort, puis deux à la fois. — Voyez celui qui est à gauche, c'est un coq, il est maillé.— Pan ! — Bravo ! — En voici d'autres ; ne tirez pas. Le coq est là encore et vous n'avez plus qu'un coup. Le voici qui se lève. Quelle majesté et comme il jabote en s'envolant. Ne vous pressez pas ; abattez-le avec soin ; la mère leur reste. En voici encore quatre, puis encore deux. puis un dernier, le culot sans doute. Nous avons compté cinq jeunes coqs. Il aurait fallu un revolver pour faire face aux exigences d'une pareille chance. Qu'importe ! vous avez fait un superbe coup double : un vieux coq pour l'œil et un jeune pour la table. Les autres grandiront et vous les retrouverez. Il ne faut pas tout tuer à la fois !...

Au mois de janvier, les propriétaires des grandes chasses d'Allemagne qui ne réussissent pas à détruire assez de coqs dans leurs battues, donnent encore des chasses au chien d'arrêt, ce qu'ils appellent *buschiren*. Ce sont des chasses ravissantes, et avec un peu de bonheur l'on peut y tuer ses huit à dix coqs dans une journée.

Cette attaque *in extremis* de la saison de chasse, a pour but de diminuer la quantité de coqs, qui trop nombreux sont nuisibles à la réussite des couvées. Ceci mérite quelques explications.

Les coqs se souviennent de leur origine asiatique et se sentent de force à contenter dix poules. Lorsqu'il y a beaucoup de coqs dans un canton, la part de poules de chacun est réduite à une ou deux, et la passion de ces petits sultans n'est pas suffisamment assouvie. Comment faire ? Il n'y a qu'un moyen, c'est de s'adresser plusieurs fois à la même poule. Mais celle-ci occupée de ses devoirs maternels refuse de prêter l'oreille aux sollicitations amoureuses. Elle appartient tout entière à ses enfants ; l'époque du plaisir est passée, celle du devoir est venue ; elle est inexorable. Le coq cependant se monte la tête, la passion l'exalte, il entre en fureur. Comme il sait bien que c'est l'amour maternel qui empêche l'amour conjugal, il s'en prend aux enfants des dédains de leur mère. Il recherche le nid, il casse les œufs, il assassine à coups de bec les jeunes faisandeaux, et tout couvert d'omelette et de sang, il vient réclamer le prix de son crime à la propre mère de ses victimes innocentes. Que doit faire la pauvre poule? Elle tient avant tout à avoir une famille, et pour remplacer celle qu'elle vient de perdre, elle est bien obligée, hélas! de souffrir les caresses du bourreau de ses premiers-nés. — Voilà cependant à quels excès conduisent les plus belles qualités physiques et morales. Si les faisans n'étaient pas si bons coqs et si les poules n'étaient pas si bonnes mères, nous ne verrions pas de pareilles abominations. C'est pour y mettre bon ordre que nos voisins d'outre-Rhin exterminent annuellement le trop plein de coqs; dès lors chacun des restants obtient la part de poules nécessaires à son tempérament et les couvées sont garanties contre ces affreux massacres.

Le faisan est de tous les animaux de chasse celui sur lequel le braconnage a les vues les plus avides. Ce n'est pas sa beauté, mais son prix toujours plus élevé sur le marché qui le désigne aux entreprises nocturnes des maraudeurs de nos bois. Les braconniers qui sortent avec le fusil ne recherchent que le faisan et le chevreuil. C'est pour ce gibier par excellence que se commettent, surtout en Allemagne, des crimes fréquents. Les gardes forestiers, furieux de voir leurs chasses décimées, se mettent à l'affût, et plus d'un braconnier est trouvé mort avec un ou deux faisans dans son sac.

Les braconniers sortent le soir et tirent le faisan au moment où il se *branche* pour dormir. Leur fusil est caché dans le bois, et ils ont soin d'y mettre peu de poudre, afin que la détonation ne soit pas entendue au loin. D'autres moins hardis emploient les lacets, les filets et aussi un moyen particulier, une ruse dont il convient de dire quelques mots en terminant:

Dans le royaume de Wurtemberg, les bra-

conniers se munissent d'une perche au bout
de laquelle est fixée une mèche soufrée. Quand
ils ont reconnu un faisan endormi sur un arbre,
ils allument la mèche, la tiennent sous le bec
du faisan, et parviennent ainsi à l'étourdir et
à le faire tomber. Dans un traité de chasse
publié en 1771, intitulé : *Ruses de braconnage*,
l'auteur, *Labruyerre,* garde du comte de Cler-
mont, prétend qu'il est impossible de prendre
les faisans par ce moyen. «Nous fîmes l'essai
sur un, dit-il : nous lui présentâmes un morceau
de linge trempé dans le soufre fondu, mais il
le jeta par terre à coups de bec ; nous le lui
présentâmes plusieurs fois, il en fit de même ; à
la fin, voyant que nous lui brûlions le bec, il
s'envola. » Il résulte de cette citation que le
faisan n'était pas endormi, et ce qui étonne,
ce n'est pas que l'expérience n'ait pas réussi,
mais que le coq ait attendu qu'on lui brûlât le
bec pour s'envoler. Employé avec soin, ce
moyen est excellent ou plutôt atroce, car il est
très-meurtrier et n'est pas excusé par cette
passion irrésistible de chasse qui souvent pos-
sède et entraîne les braconniers à tir.

MASSACRE D'ÉTOURNEAUX

———

C'était par une belle soirée des premiers
jours de novembre. Le jour s'éteignait et le
globe du soleil démesurément grandi nageait
dans une mare de sang capricieusement décou-
pée par les sommets de la chaîne des Vosges.
Nous avions chassé toute la journée dans les
plaines giboyeuses de Marlen, village situé non
loin de Kehl, sur la rive droite du Rhin. Notre
chasse avait été bonne. De grasses perdrix,
la tête prise dans un lacet de cuir, pendaient
tristement à nos sacs, comme autrefois les vo-
leurs aux branches des chênes. Quelques-uns
de mes compagnons avaient fixé sur leur cha-
peau de grandes plumes d'un bronze doré, té-

moignage éclatant de leur adresse à tirer le
coq de faisan. De petits paysans badois, coif-
fés du bonnet de fourrure national, portaient,
deux par deux, quelques douzaines de lièvres
suspendus à des bâtons et rappelaient ainsi les
descendants de Noé portant ces immenses
grappes de raisin que j'ai toujours suspectées
d'avoir été pour beaucoup dans le péché ori-
ginel.

Nous étions arrivés non loin d'une grande
mare couverte de roseaux, à l'extrémité de
laquelle se dressait un immense filet, ouvert
du côté du marécage. Là nous attendaient trois
pêcheurs que je connaissais bien pour avoir
été avec eux camper toute une nuit sur un
banc de sable au milieu du Rhin et assister à
une pêche au saumon. Ils vinrent à notre rencontre, pour nous prier de nous cacher derrière quelques broussailles voisines, annonçant
que nous n'aurions pas longtemps à attendre.

Il s'agissait cette fois d'assister non pas à une
pêche, mais à une chasse, et à une chasse en
grand, à un coup de filet monstre, à un massacre en masse, et l'on comptait sur six à huit
mille victimes pour le moins.

Cependant rien n'annonçait d'aussi énormes hécatombes. L'air était assez doux ; quelques légers nuages passaient lentement, poussés par le vent du sud et dorés par les feux du soleil couchant ; de petits oiseaux gazouillaient dans les buissons ; un groupe de jeunes filles et de garçons rentrait au village en chantant un vieil air allemand.

Tout à coup l'un des pêcheurs étendit la main du côté du nord. Je regardai dans cette direction et ne vis rien si ce n'est un petit nuage noir qui se levait à l'horizon. Mais ce nuage marchait vite et en sens inverse des flocons dorés éparpillés dans le ciel. Bientôt il s'étendit en pointe vers nous, grossissant, s'allongeant toujours davantage et traçant des courbes qui le faisaient ressembler à un immense serpent. Tantôt cette masse opaque s'abaissait vers le sol, tantôt elle se redressait vivement dans les airs. Je distinguai alors qu'elle était formée par une quantité innombrable d'étourneaux volant serrés les uns contre les autres et tourbillonnant d'un mouvement uniforme. En approchant de la mare, leurs épaisses et profondes colonnes obscurcirent le ciel et leurs cris retentirent toujours plus stridents. Arrivés au-dessus de nous, ils tournoyèrent deux fois en décrivant une immense spirale, puis ils se perchèrent tout à coup sur plusieurs arbres qui étendaient leurs branches dénudées vers le ciel devenu sombre. Il me sembla alors que les arbres avaient repris leur verdure : chaque branche était garnie d'autant d'étourneaux qu'elle en pouvait porter : l'on eût dit des feuilles vivantes ! Ils restèrent là quelques minutes, puis ils s'élancèrent en colonne, glissèrent en ondoyant sur la surface de la mare et s'abattirent sur les roseaux qui plièrent sous le faix de cette multitude ailée.

Aussitôt que les étourneaux furent installés sur les roseaux, ils commencèrent des bavardages sans fin, et comme ils ont la mauvaise habitude de crier tous à la fois, leurs vingt à trente mille voix réunies produisent un tintamarre formidable. C'étaient des gazouillements immenses, des ramages assourdissants, qui me rappelaient ces réunions générales de sociétés chorales devenues de nos jours de plus en plus fréquentes et de moins en moins mélodieuses. Cependant je dois dire à l'éloge

des concerts monstres et à la confusion des
étourneaux, que ces derniers n'observent pas
de rhythme, qu'ils ne paraissent nullement
préoccupés de produire un effet d'ensemble,
mais que chacun crie pour son agrément per-
sonnel et le plus fort possible. Que peuvent se
dire trente mille étourneaux perchés sur les
roseaux d'une mare? Sans doute chacun ra-
conte les aventures de la journée, combien de
vermisseaux, de larves, de grillons, de sauterelles il a mangés, combien il a becqueté de
grappes de raisin; il indique les bons endroits,
il débite quelques histoires plaisantes, et il
faut bien qu'ainsi se passent les choses, car de
temps en temps un piaillement général venait
témoigner de la satisfaction unanime causée
par les récits des loustics de la bande.

Au bout d'un quart d'heure, les trois pêcheurs jugeant avec raison que nous devions
être suffisamment édifiés sur les talents phil-
harmoniques des étourneaux, nous dirent tout
bas que ces terribles braillards continueraient
sur ce ton pendant quelques heures encore,
que nous avions le temps d'aller souper et que
la chasse ne commencerait que vers minuit.

lorsque le sommeil aurait fait taire cet immense charivari.

Nous retournâmes à Marlen. Le souper fut
bientôt prêt et nous y fîmes honneur, car dix
heures de chasse aiguisent admirablement
l'appétit. Au dessert nous versâmes à boire
aux trois pêcheurs et j'eus soin de mettre la
conversation sur les mœurs des étourneaux.
J'appris ainsi que ces oiseaux rendent de très-
grands services à l'agriculture en détruisant
les sauterelles, les grillons et surtout les larves
des hannetons. On ne leur reproche que les
ravages qu'ils opèrent dans les vignobles. Le
soir ils se rassemblent et viennent par bandes
immenses prendre gîte au milieu des roseaux
d'un étang dont ils ont reconnu à l'avance les
alentours. Ils choisissent les marécages pour
y passer la nuit, par la raison que l'eau empêche les animaux carnivores d'approcher et
que le brouillard que dégagent ces lieux humides les cache aux oiseaux de nuit.

Peu à peu notre conversation languit, plusieurs d'entre nous avaient mis les coudes sur
la table et la tête sur les coudes, déjà quelques
gros ronflements se faisaient entendre, lors-

que les pêcheurs annoncèrent que l'heure du
départ était venue, et bientôt nous fûmes en
marche vers la mare.

La nuit était presque entièrement noire, car
pour cette espèce de chasse il est essentiel de
choisir l'époque de la nouvelle lune. Quelques
arbres se détachant comme des fantômes sur
les éclaircies du ciel nous indiquaient le chemin. Nous approchions de la mare. Un silence
profond avait succédé au tapage étourdissant
de tantôt. L'armée des étourneaux dormait.
Les pauvres oiseaux se reposaient dans une
quiétude parfaite, espérant que l'homme re-
connaîtrait et respecterait en eux des auxiliaires utiles, les destructeurs de la vermine
qui désole ses champs. Vain espoir, hélas!
sécurité trompeuse! Quelle vertu l'homme
a-t-il jamais respectée, devant quelle iniquité
a-t-il reculé, quand il s'est agi de gagner un
peu d'or.

A l'extrémité de la mare, du côté opposé au
filet, une nacelle était préparée. Nous y entrâmes avec l'un des pêcheurs et avançâmes
au milieu de la mare par une espèce d'étroit
canal que les pêcheurs avaient ménagé en

arrachant les roseaux. Les deux autres pêcheurs chaussés de hautes bottes s'avancèrent de front, de chaque côté de la barque. Nous gardions un silence absolu, mais de temps en temps les trois pêcheurs projetaient en avant des poignées de petits cailloux. A chaque jet de pierres, une bande d'étourneaux à moitié endormis se levait pesamment et avec un bruit sourd, pareil à celui du tonnerre lointain. glissait par-dessus les roseaux pour se reposer un peu plus loin dans la direction du filet. Successivement les colonnes d'oiseaux se repliaient ainsi, comme sur un champ de bataille. devant des forces supérieures, les régiments se replient par échelons en se couvrant de feux roulants. Nous avancions toujours plus vite. Les étourneaux réveillés, mais incapables de distinguer le filet dans l'obscurité. battaient en retraite avec des bruits d'ailes formidables. Déjà des bandes entières s'étaient heurtées contre le filet, d'autres avaient passé à côté, lorsque les trois pêcheurs poussèrent à la fois de grands cris, lançant des poignées de cailloux et battant les roseaux avec des gaules.

Jusqu'à ce moment, le vol partiel de quelques-unes de leurs bandes avait paru chose naturelle et insignifiante à la masse des étourneaux ; mais à ce tapage soudain, éclatant au milieu du silence de la nuit, ils comprirent qu'ils étaient attaqués par leur plus terrible ennemi. Toute l'armée des étourneaux se leva à la fois, et saisie d'une terreur panique s'engouffra dans l'immense filet avec des cris affreux et un bruit semblable aux détonations de l'artillerie. Au même moment aussi, l'un des pêcheurs tirait une corde, et le filet, garni à ses angles d'anneaux de fer, glissa le long des piquets qui le soutenaient et s'abattit tout d'une pièce.

Alors ce fut une clameur atroce. Ces milliers d'oiseaux se sentant pris dans les mailles, écrasés sous le poids du filet, à moitié submergés dans la mare, poussèrent tous ensemble des cris déchirants qui retentissaient d'une façon sinistre dans cette solitude si complète et sous ce ciel noir où les étoiles se cachaient derrière les nuages pour ne pas voir cet horrible spectacle.

La chasse était finie. Pour recueillir le gibier,

il fallait attendre le jour. Nous quittâmes la mare, abandonnant les pauvres oiseaux criant au secours, se noyant, s'égosillant, battant des ailes, faisant de suprêmes efforts pour soulever le filet qui les couvrait comme un drap mortuaire.

Je rentrai à l'auberge poursuivi par ces cris plaintifs, je me couchai et la fatigue me donna le sommeil, mais je fus en proie à un abominable cauchemar. Je me croyais sur une île au milieu du Rhin attaqué par des myriades d'étourneaux qui se précipitaient sur moi avec acharnement. Je me défendais avec un bâton, mais j'avais beau les assommer par douzaines, leurs rangs n'en étaient pas moins serrés et le cercle qu'ils formaient autour de moi se rétrécissait toujours davantage. Des milliers de becs dirigeaient vers moi leurs deux pointes et je voyais distinctement les petites langues noires et minces s'agiter dans les gorges roses pour me lancer toutes sortes d'imprécations à propos de ma complicité à l'odieux attentat dont la mare était le théâtre. J'allais sans doute être mis en tout petits morceaux par ces becs furieux lorsque vers six heures du matin l'on vint me réveiller pour assister au dernier acte de ce drame lugubre.

L'aube blanchissait à peine au-dessus des montagnes de la Forêt-Noire ; l'air était frais ; le vent frémissait dans les arbres et en faisait tomber les dernières feuilles. Nous passâmes à travers champs pour arriver plus vite près de la mare. En approchant nous entendions un bruit pareil à celui que produit, lors des enterrements, le roulement des tambours couverts d'un crêpe. C'étaient les malheureux étourneaux qui, de minute en minute, battaient des ailes tous ensemble pour soulever le filet.

Un spectacle lamentable nous attendait. Les roseaux étaient courbés sous le poids de l'immense verveux ; quelques mille étourneaux étaient noyés ; les autres passaient le bec entre les mailles du filet et piaillaient à pleins poumons. Nous entrâmes dans la nacelle pour voir de plus près l'affreux champ de bataille. Quel carnage ! A mesure que les pêcheurs relevaient le filet, l'on découvrait, rang par rang, serrés les uns contre les autres, les noirs cadavres des étourneaux noyés. Les pêcheurs

ne faisaient point de quartier. Ceux qui sur-
vivaient étaient impitoyablement saisis et pas-
sés au fil de l'épée, je me trompe, on les em-
poignait de la main gauche par-dessus les ailes
et de la main droite on les prenait par la tête ;
puis chaque main tournait en sens contraire.
C'est un procédé horrible qui s'appelle, je crois,
tordre le cou et qui réussissait parfaitement,
car les pauvres bêtes jetées dans la nacelle
n'avaient plus qu'une seule convulsion et ou-
vraient le bec une dernière fois, mais sans
pouvoir proférer un cri. A mesure que nous
avancions, le nombre des prisonniers augmen-
tait. Tordre le cou à chacun aurait demandé
trop de temps. Les pêcheurs entrèrent dans
l'eau, jetèrent sur le filet les planches qui te-
naient lieu de banquette dans la nacelle et s'en
servirent pour submerger les étourneaux par
centaines. Ces horreurs froidement accomplies
me donnaient des nausées ; je me croyais aux
mauvais jours de la Terreur, assistant aux massacres de septembre et aux noyades en masse
de Nantes!

Cependant l'affreuse besogne allait toujours.
L'on comptait déjà cinq à six mille victimes.

J'avais par un élan irrésistible de pitié dégagé quelques-unes de ces pauvres bêtes et leur avais rendu la liberté avec un plaisir indicible, mais je ne pouvais empêcher la continuation de la tuerie générale. Nous approchions d'un endroit où le filet tombé sur des roseaux plus forts s'était maintenu à une certaine hauteur au-dessus de l'eau. Là, deux à trois mille étourneaux, le bec passé à travers les mailles, criaient à fendre l'âme et à chaque instant faisaient effort pour soulever le filet.

J'allais demander à retourner à terre pour ne pas assister au massacre de ce dernier bataillon, lorsque l'un des pêcheurs, s'étant consulté avec les deux autres, me dit de rester et que j'allais voir quelque chose qui me ferait plaisir. Tous trois soulevèrent alors l'un des côtés du filet et aussitôt les étourneaux se précipitèrent par cette issue inespérée. Ils ne prirent pas la peine de se ranger en colonne, chacun tira de son côté, battant des ailes pour sécher ses plumes aux premiers rayons du soleil levant. Cependant, quelques-uns restaient pendus au filet, la tête engagée dans les mailles. Mes amis et moi nous mîmes à dégager délicatement les pauvres petites bêtes de ce collier de misère, et l'une après l'autre nous les laissâmes envoler.

Cette œuvre de délivrance me remit le cœur à l'aise et je félicitai chaleureusement les pêcheurs de leur humanité.... Faut-il le dire? ce n'était pas parce qu'ils étaient las de tuer et parce qu'ils avaient eu pitié de ces jolis oiseaux criant merci, que les pêcheurs en avaient laissé échapper deux à trois mille, non. c'était tout simplement parce qu'ils avaient pris plus d'étourneaux qu'ils n'en pouvaient vendre le même jour au marché de Strasbourg et que ce gibier ne se conserve que par les temps froids. Tout compte fait, il se trouva plus de six mille étourneaux dans le bateau et dans les paniers que les femmes et les enfants des pêcheurs avaient apportés. C'étaient donc cinq cents douzaines qui, vendues à raison de 30 à 40 c., donnaient un bénéfice de 150 à 200 fr.

Cette chasse est, on le voit, assez lucrative; mais, quant à moi, je me promis bien de ne plus y assister jamais. Trop de sensations pénibles m'avaient agité, et en rentrant en voiture avec mes amis, je ne pus m'empêcher d'exprimer le regret que les besoins de l'alimentation publique rendissent nécessaire l'extermination en masse d'oiseaux aussi utiles à l'agriculture ; j'en vins même à comparer les tueries d'étourneaux dans les mares aux massacres des soldats sur les champs de bataille et à exprimer cette opinion que la guerre n'était excusable que chez les anthropophages.

Pour m'arracher à ces idées noires, l'un de nos chasseurs, bon tireur et grand marcheur, s'il en fut, nous raconta l'histoire miraculeuse d'un sansonnet, nom vulgaire de l'étourneau, histoire qui s'est passée au village de Marlen, il y a une centaine d'années, et que conserve la tradition populaire.

Le barbier du village avait un sansonnet auquel il apprit à parler[1]. L'oiseau répéta

---

1. Les étourneaux apprennent sans peine à parler, mais leur prononciation est toujours défectueuse ; elle n'a ni la franchise, ni l'ampleur de celle du corbeau. Ils éprouvent la même difficulté que les Anglais à faire sonner les *r* et parlent généralement du nez comme le peuple français. (TOUSSENEL, *le Monde des oiseaux*, t. II, p. 280.)

bientôt les paroles qu'on lui disait et apprit
même certaines locutions familières à son
maitre, telles que *Je suis le barbier de Marlen.
— Ah, comme ça. — Dieu le veut! — Par compagnie.* — Il apprit aussi le mot *imbécile* dont
le barbier gratifiait souvent son petit apprenti
quand celui-ci étendait la moitié d'un emplâtre
sur la table au lieu de l'étendre sur le linge,
quand il affilait les rasoirs par le dos au lieu de
les affiler par le tranchant ou quand il cassait
quelque fiole à médecine. Comme il venait
beaucoup de monde chez le barbier qui dé-
bitait aussi du kirschwasser, il arrivait que le
sansonnet jetait dans la conversation quelques-
uns de ses mots qui souvent tombaient fort
à propos. Lorsque l'apprenti lui demandait:
Jeannot, que fais-tu? le sansonnet ne man-
quait jamais de lui répondre : *Imbécile* et les
buveurs éclataient de rire.

Un jour que les ailes coupées lui avaient
repoussé, que la fenêtre était ouverte et le
temps fort beau, le sansonnet prit la clef des
champs.

Grande fut la désolation du barbier et de ses
pratiques. L'on espéra d'abord que l'oiseau

reviendrait au logis, mais trois mois se passèrent et l'ingrat ne revint pas.

Un matin deux pêcheurs, les ancêtres, sans
doute, de ceux qui venaient de nous faire les
honneurs d'une chasse aux étourneaux, étaient
occupés à relever leur filet et à tordre le cou
aux oiseaux prisonniers, lorsqu'une voix s'éleva
qui dit : *Imbécile !* Les deux pêcheurs se re-
tournèrent à la fois, chacun croyant que l'autre
l'appelait. Heureusement qu'ils n'avaient pas
le temps de se quereller, car la besogne pres-
sait. Ils continuèrent donc leur office de bourreau, quand la même voix s'écria : *Dieu le
veut !* L'un des pêcheurs avisa un étourneau
qui passait tristement la tête entre les mailles
du filet, et déjà il s'apprêtait à lui tordre le
cou, lorsqu'il entendit prononcer ces mots : *Ah,
comme ça !* Le pêcheur s'arrêta tout net et
frappé d'un idée subite : *Est-ce toi, Jeannot ?*
— *Je suis le barbier de Marlen*, répondit le
sansonnet en ouvrant démesurément le bec et
en secouant ses ailes mouillées. — *Et comment
es-tu venu ici, Jeannot ?* — *Par compagnie,*
dit l'oiseau.

Les deux pêcheurs éclatèrent de rire et rap-

portèrent le sausonnet au barbier. qui leur
donna un beau pourboire.

L'histoire fit du bruit. De tous côtés l'on
vint chez le barbier sous prétexte de se faire
raser, saigner ou couper les cheveux, mais
en réalité pour voir et entendre Jeannot, qui
fut ainsi la cause de la fortune du barbier de
Marlen.

Se non è vero, è bene trovato!

LES

SANGLIERS D'ALSACE.

Le sanglier est - il un cochon sauvage ou le cochon est - il un sanglier domestique? Grave question sur laquelle les veneurs ont discuté de tout temps. A n'en juger que par les apparences extérieures, ces deux espèces d'une même race diffèrent du blanc au noir. Le porc peut se permettre un vêtement de couleur claire, car il ne craint pas d'attirer l'attention et il s'en rapporte à son maître pour la conservation et pour ... la fin de son existence. Le sanglier a besoin d'un pardessus de couleur sombre pour échapper aux poursuites de ses ennemis, et il est continuellement obligé de montrer les dents. A force de les montrer elles s'allongent et même elles s'aiguisent, car ses dents d'en haut ne servent qu'à donner du tranchant aux longues défenses de sa mâchoire inférieure. Même voracité d'ailleurs. Le cochon et le sanglier ne sont pas difficiles sur le chapitre de la nourriture. Ils font ventre de tout, et c'est avec raison que Toussenel a appelé le porc : le grand chiffonnier de la nature. Il y a pourtant entre eux cette différence tout à l'éloge de la bête sauvage. c'est que le porc mange à l'occasion les petits enfants. tandis que le sanglier n'attaque l'homme que lorsqu'il est poussé à bout, acculé par les chiens. blessé grièvement, et en état de légitime défense.

Selon toutes les apparences les premiers cochons furent de jeunes sangliers apprivoisés. mais il est incontestable que les cochons peuvent redevenir sangliers, et je puis en citer un exemple qui s'est produit dans la forêt du Neuhof, tout aux portes de Strasbourg.

Pendant la révolution et dans les années qui suivirent. le peuple usa de représailles. En haine des seigneurs qui chassaient par monts et par vaux, à travers les bois et les champs. avec chevaux, chiens, valets et fanfares. et détruisaient en un instant les récoltes obtenues par tant de travail et de sueur. le paysan déclara la guerre aux bêtes de grande chasse, bêtes d'aristocrates, bêtes noires. La plupart des forêts furent dépeuplées de cerfs, de chevreuils et de sangliers. Ces derniers disparurent complétement de la forêt du Neuhof. Mais ce que le paysan avait détruit, le bourgeois enrichi a voulu le rétablir. Dans les premières années de ce siècle la chasse du Neuhof appartenait à un banquier d'origine russe qui s'était établi à Strasbourg. Pour se donner un tiré nouveau, un coup de fusil plus beau, M. Livio ne craignit pas de mettre la plaie au champ et au cœur du cultivateur. Il lâcha dans la forêt des porcs, de vrais cochons, tirés de la Hongrie, qui, après trois générations vivant en liberté, sont devenus (ô leçon pour les nations opprimées) de beaux sangliers, d'indomptables solitaires. Quelques vieux chasseurs se souviennent encore d'avoir vu au Neuhof des sangliers portant de grandes taches blanches, stigmates de leur domesticité primitive.

Il y a quelques années les sociétaires de la chasse du Neuhof furent actionnés en dommages-intérêts par les habitants de cette partie de la banlieue de Strasbourg à raison des ravages exercés par les sangliers. Lorsque ce procès parut devant le juge de paix, les parties lésées reprochèrent aux chasseurs de cultiver le sanglier comme une plante de serre-chaude et de le ménager intentionnellement pour la plus grande satisfaction de leurs plaisirs cynégétiques. Les cultivateurs furent déboutés de leur demande par le motif qu'ils ne fournissaient pas la preuve que les locataires de la chasse avaient favorisé la multiplication des sangliers. Peut-être que le jugement aurait été rendu en sens contraire, s'il avait été révélé alors que les sangliers du Neuhof n'étaient que des fils de truie artificiellement rendus farouches, car s'il doit être permis au propriétaire d'une chasse de conserver le gibier, l'on ne saurait admettre qu'il puisse légitimement mettre dans sa chasse des animaux nuisibles. Que dirait-on d'un spéculateur qui, dans un pays où il n'y a pas de rats, introduirait ce rongeur sous le fallacieux prétexte que de sa peau l'on fait des gants excellents, connus dans le commerce sous la dénomination de gants en peau de Suède ?

Cependant je ne suis pas partisan de la responsabilité absolue en fait de dégâts causés par les sangliers. Ces animaux sont essentiellement nomades et changent fréquemment de résidence. Du Fouilloux a dit, il y a bien longtemps: «Le sanglier n'est qu'un hôte.» — Vers le printemps surtout, quand il est en proie à de nouvelles ardeurs, le sanglier est capable de faire en une seule nuit des voyages qui fatigueraient un coursier numide. Comment dès lors déterminer à quelle chasse appartient la bête qui a causé des dégâts et résoudre la question de l'imputation du dommage?

Il y a trente ou quarante années les sangliers étaient redevenus très-nombreux dans les forêts de l'Alsace, mais on ne constatait que très-rarement des ravages commis par eux dans les champs cultivés, tandis que de nos jours ces ravages sont journaliers. Comment expliquer ce fait? Les sangliers sont-ils devenus plus civilisés, plus raffinés et préfèrent-ils comme aliments les denrées produites par l'industrie humaine aux plantes sauvages que la nature leur offre dans les bois? Ou bien les terrains à l'entour et au milieu des forêts sont-ils mieux cultivés aujourd'hui et présentent-ils par leur proximité un appât plus facile aux sangliers? Cette dernière raison est certes pour beaucoup dans les dégâts constatés, mais la principale cause doit en être attribuée à un fait auquel on n'a pas reconnu jusqu'à présent l'importance qu'il mérite.

La nature, en créant les animaux, a produit en même temps les aliments nécessaires à chaque espèce. A ceux qui habitent les forêts elle a donné les produits qui poussent dans la forêt même. Pendant des siècles les sangliers se sont contentés de glands, de faînes, de noix, de noisettes, de merises, de pommes et de poires sauvages, de truffes, de champignons et de morilles. Aujourd'hui grâce à la nécessité toujours croissante de faire argent de tout, le commerce arrache ces produits spontanés de la terre à l'alimentation des pauvres sangliers pour les livrer à la consommation des hommes. Les prunelles vont à la distillerie, les noisettes au marché, les noix et les faînes chez le fabricant d'huile, les truffes, les champignons et les morilles sont accaparés par le pâtissier et le marchand de comestibles. Par surcroît de

malheur l'administration forestière fait extir-
per peu à peu toutes les espèces non nobles;
les pommiers et les poiriers sauvages dispa-
raissent et avec eux leurs fruits si agréables
aux groins délicats. Enfin le gland, mets de
prédilection du sanglier, lui a été enlevé par
l'établissement des chemins de fer. La con-
struction de ces grandes voies de communi-
cation a nécessité l'emploi d'une immense
quantité de traverses en chêne qui servent à
soutenir les rails. Pour se procurer ces traverses, les entrepreneurs ont passé des mar-
chés dans toutes les contrées couvertes de forêts et partout les chênes séculaires aux larges
ramures sont tombés sous la hache des bûche-
rons. Au moment actuel, dans les forêts de l'Alsace le promeneur ne rencontre presque plus
de vieux chênes et les sangliers ne trouvent
plus de glands. Que reste-t-il alors à ces
pauvres bêtes si elles ne veulent pas mourir
de faim? .... le vol dans les terres cultivées! —
et si je qualifie de vols les déprédations des
sangliers, j'ai tort, car il est de bonne guerre,
puisque l'homme s'empare de la nourriture
naturelle du sanglier, que ce dernier se rat-

trape sur les denrées artificielles destinées à
la table de son plus cruel ennemi.

En Alsace la chasse au sanglier ne se fait
pas avec les grandes meutes et les brillants
équipages du vautrait. Tout se passe bour-
geoisement, et cela doit être dans un pays où
il n'y a plus de seigneurs possédant de grandes
fortunes territoriales. Il y a une trentaine d'années l'on avait encore de beaux et bons chiens
courants, de nos jours on n'emploie plus guère
que des bassets. Alors aussi on ne s'acharnait
pas à une pauvre bête de compagnie ou à une
laie accompagnée de quelques marcassins que
nous sommes trop heureux de voir passer aujourd'hui ; alors il vous défilait des compagnies
de 20, 30, 40 pièces ; les chasseurs dédaignaient
les petits marcassins ; ils exerçaient leur
adresse sur les grosses bêtes et souvent ils
pouvaient faire, et quelquefois ils faisaient, de
magnifiques coups doubles. En ce temps-là il
y avait encore parfois de ces beaux épisodes
de chasse mêlés de plaisir et de crainte : un
vieux solitaire blessé tenait ferme aux chiens...
La meute acharnée l'attaquait avec furie, le
prenant à la gorge et aux oreilles : quel va-

carme ! quels rudes assauts ! quels grands coups
de boutoir et que de chiens éventrés, jusqu'à
ce que la bête eût reçu le coup de grâce !

Hélas ! je ne connais que par ouï-dire ces
drames émouvants. Maintenant les chasses au
sanglier ne sont que des corvées. Il n'y a plus
de danger, mais aussi il n'y a presque plus d'é-
motions. Autrefois on était sept à huit chasseurs, tous bons amis et bons vivants, aimant à
rire et à plaisanter, partageant fraternellement
leurs provisions et se moquant des maladroits,
quel que fût leur rang ou leur position sociale.
Aujourd'hui des invitations envoyées par la
poste réunissent 15, 20, 30, 40 chasseurs dont
les quatre cinquièmes se rencontrent pour la
première fois. On se salue, mais on ne se parle
pas. Aucune intimité et partant pas de gaieté.
Le troupeau des chasseurs suit le garde, qui les
place et assigne à chacun le meilleur poste. A
peine est-on placé que partent du côté opposé
une trentaine de traqueurs. Ils crient, ils
hurlent ! mais au lieu de marcher en ligne ils
se suivent par files pour éviter de se déchirer
les mains et la culotte aux épines des broussailles. Beaucoup de bruit, peu de résultat.

car la bauge se trouve au milieu des fourrés,
et bien souvent Monsieur de la robe noire reste
très-tranquillement couché. D'autres fois quand
il daigne se lever, c'est pour rebrousser plus
tranquillement encore au travers de ces piail-
leurs qu'il ne craint pas. L'enceinte faite, on se
dépêche d'en prendre une autre, puis une
troisième. sans un instant de repos. Les traqueurs coûtent cher, et l'on tient à leur faire
gagner leur salaire. Les chasseurs mangent
comme ils veulent et comme ils peuvent. quelquefois en marchant d'une enceinte à l'autre
afin qu'il n'y ait pas de temps perdu. Et cela
continue ainsi jusqu'à la tombée de la nuit.
Aussi rentre-t-on de ces grandes chasses en-
nuyé, fatigué, éreinté et presque toujours bre-
douille !

La superstition populaire a fait au sanglier
une vilaine réputation de méchanceté ; l'on se
figure assez généralement qu'il attaque le chasseur dès qu'il l'aperçoit, afin de le déchirer à
belles dents. Au contraire. le premier mouvement du sanglier qui passe la ligne des chasseurs est de se sauver, même quand on le blesse
au passage. Ce n'est que lorsqu'il est fatigué

par une longue poursuite, qu'il est acculé, que
les chiens l'entourent et que le chasseur s'a-
vance vers lui, que l'on voit de vieux solitaires
entrer en fureur et devenir réellement dangereux. Cependant il est incontestable que la vue
seule d'un animal sauvage de cette taille donne
de l'émotion au chasseur, alors même qu'il a déjà
tout son sang-froid pour les autres espèces de
gibier, mais qu'il n'a jamais assisté à une chasse
au sanglier. Le premier sanglier qui m'est
venu m'a laissé calme jusqu'à ce que j'eusse
vu qu'il continuait à courir après mes deux
coups. Mais alors, quand avec la bête tout
danger avait disparu, j'ai été pris d'un trem-
blement général, mes dents claquaient, mes
genoux s'entre-choquaient et j'ai bien été cinq
minutes avant de pouvoir maîtriser mon sys-
tème musculaire. Au second sanglier le trem-
blement a été moins prononcé et a duré moins
longtemps. Depuis je n'ai plus rien ressenti.

Quand on se trouve à une traque au sanglier,
la première condition et la plus essentielle,
est de se cacher autant que possible et surtout
de rester complétement immobile lorsqu'il se
fait quelque bruit dans les broussailles. Le

sanglier qui n'a pas la meute au derrière,
flaire, évente de tous les côtés avant de passer
la ligne, et il a le nez bon, l'œil perçant et l'o-
reille exercée ; tous ses sens sont d'une finesse
extrême. Si vous faites le moindre mouvement,
s'il vous évente, il rebroussera, y eût-il cent
traqueurs derrière lui, et il forcera leur ligne
sans s'inquiéter du bruit qu'ils font. En restant
bien tranquille on a encore un autre avantage,
c'est quelquefois de voir la bête venir à soi
sans défiance et de la pouvoir tirer sous bois.
Ici un conseil : si vous ne tirez pas aussi bien
que Bas-de-Cuir ou Gérard le tueur de lions,
si vous n'êtes pas sûr de lui loger une balle
dans l'œil, ne tirez jamais en pointe, c'est un
coup perdu. Si vous laissez venir le sanglier,
il se présentera peut-être un peu en travers,
ou s'il se retourne, vous aurez plus de chances
de le tirer par derrière. L'on croit généralement qu'une aussi énorme bête ne peut pas
s'approcher du chasseur sans faire beaucoup
de bruit. Cela est vrai quand un gros sanglier
est lancé par les chiens, car alors il passe
comme un boulet de canon à travers tous les
obstacles. Mais très-souvent aussi le sanglier

suivra un sentier garni d'herbes, et la plus
grosse pièce peut vous débouler sans que vous
l'ayez entendue venir. Quand elle vous passera,
n'oubliez pas que pendant la course les poils
(les soies) du dos se hérissent et donnent à la
bête une apparence de grosseur énorme. Si
vous n'en tenez pas compte, vous tirerez trop
haut, d'autant plus que la balle a toujours de
la tendance à monter. Pour être sûr de son
coup, il faut viser à une ligne représentée par
la jonction du tiers inférieur avec les deux tiers
supérieurs du corps de l'animal. Enfin n'oubliez pas que, si votre coup de fusil ne porte
que dans la partie postérieure de la bête, la
balle ne fera pas plus d'effet qu'un coup de fouet
donné à un cheval. L'on a dépecé des sangliers
qui étaient comme lardés de balles. Une triple
graisse protége comme un triple airain cette
partie de leur corps que je n'ose appeler par
son nom, de peur qu'une lectrice effarouchée
ne dise de mon article sur le sanglier ce que
le maréchal de Vauban disait lui-même d'un
traité qu'il avait fait sur le cochon.

TABLE DES MATIÈRES.

www.ingramcontent.com/pod-product-compliance
Lightning Source LLC
LaVergne TN
LVHW021727170726
843503LV00004B/1457